当代图形图像设计与表现丛书

三维渲染基础与实例

孙琳 编著

国家一级出版社
全国百佳图书出版单位
西南师范大学出版社
XINAN SHIFAN DAXUE CHUBANSHE

图书在版编目（CIP）数据

三维渲染基础与实例 / 孙琳编著. -- 重庆：西南师范大学出版社, 2015.6

ISBN 978-7-5621-7416-5

Ⅰ. ①三… Ⅱ. ①孙… Ⅲ. ①三维 - 计算机图形学 Ⅳ. ①TP391.41

中国版本图书馆CIP数据核字(2015)第114113号

当代图形图像设计与表现丛书

主　编：丁鸣　沈正中

三维渲染基础与实例　孙琳　编著

SANWEI XUANRAN JICHU YU SHILI

责任编辑：袁理

整体设计：鲁妍妍

西南师范大学出版社（出版发行）

地　址：重庆市北碚区天生路2号　　邮政编码：400715

本社网址：http：//www.xscbs.com　　电　话：(023)68860895

网上书店：http：//xnsfdxcbs.tmall.com　　传　真：(023)68208984

经　销：新华书店

排　版：重庆大雅数码印刷有限公司·张艳

印　刷：重庆康豪彩印有限公司

开　本：787mm×1092mm　1/16

印　张：10

字　数：237千字

版　次：2015年6月 第1版

印　次：2015年6月 第1次印刷

ISBN 978-7-5621-7416-5

定　价：48.00元（附光盘）

本书如有印装质量问题，请与我社读者服务部联系更换。读者服务部电话：(023)68252507

市场营销部电话: (023)68868624 68253705

西南师范大学出版社正端美术工作室欢迎赐稿，出版教材及学术著作等。

正端美术工作室电话: (023)68254657(办)　13709418041(手)　　QQ：1175621129@qq.com

序
PREFACE

中国道家有句古话叫“授人以鱼，不如授之以渔”，说的是传授人以知识，不如传授给人学习的方法。道理其实很简单，鱼是目的，钓鱼是手段，一条鱼虽然能解一时之饥，但不能解长久之饥，想要永远都有鱼吃，就要学会钓鱼的方法。学习也是相同的道理，我们长期从事设计教育工作，拥有丰富的实践和教学经验，深深地明白想要学生做出优秀的设计作品，未来能有所成就，就必须改变过去传统的填鸭式教育。摆正位置，由授鱼者的角色转变为授渔者，激发学生学习的兴趣，教会学生设计的手段，使学生在以后的设计工作中能够自主学习，举一反三，灵活地运用设计软件，熟练掌握各项技能，这正是本套丛书编写的初衷。

随着信息时代的到来与互联网技术的快速发展，计算机软件的运用开始遍及社会生活的各个领域。尤其是在如今激烈的社会竞争中，大浪淘沙，不进则退。俗话说：“一技傍身便可走天下”，但无论是在校学生，还是在职工作者，又或是设计爱好者，想要熟练掌握一个设计软件，都不是一蹴而就的，它是一个需要慢慢积累和实践的过程。所以，本丛书的意义就在于：为读者开启一盏明灯，指出一条通往终点的捷径。

本丛书有如下特色：

（一）本丛书立足于教育实践经验，融入国内外先进的设计教学理念，通过对以往学生问题的反思总结，侧重于实例实训，主要针对普通高校和高职等层次的学生。本丛书可作为大中专院校及各类培训班相关专业的教材，适合教师、学生作为实训教材使用。

（二）本丛书对于设计软件的基础工具不做过分的概念性阐述，而是将讲解的重心放在具体案例的分析和设计流程的解析上。深入浅出地将设计理念和设计技巧在具体的案例设计制图中传达给读者。

（三）本丛书图文并茂，编排合理，展示当今不同文化背景下的优秀实例作品，使读者在学习过程中与经典作品之美产生共鸣，接受艺术的熏陶。

（四）本丛书语言简洁生动，讲解过程细致，读者可以更直观深刻地理解工具命令的原理与操作技巧。在学习的过程中，完美地将设计理论知识与设计技能结合，自发地将软件操作技巧融入实践环节中去。

（五）本丛书与实践联系紧密，穿插了实际工作中的设计流程、设计规范，以及行业经验解读。为读者日后工作奠定扎实的技能基础，形成良好的专业素养。

感谢读者们阅读本丛书，衷心地希望你们通过学习本丛书，可以完美地掌握软件的运用思维和技巧，助力你们的设计学习和工作，做出引发热烈反响和广泛赞誉的优秀作品。

前言
FOREWORD

本书主要讲三维渲染基础与实例的一些意识及技巧，针对有一定软件基础和美术基础的初学者，渲染过程中将涉及很多具体的三维渲染方面的专业词汇以及大量的参数设置，这些参数对渲染高品质的图像起到关键的作用，当然这些仅仅是工具，使用的熟练与否对创作的作品品质并没有太大关系，而怎样使用工具，以及怎样将色彩与光线、图像学知识运用到作品中才是核心。只有熟练运用这些参数才能将头脑中的创意变成可以观看的图像，至于好坏与否那就看创造者自身的艺术修养了。

本书特色：

1.基础与实例相结合。基础知识讲解与实例操作紧密结合，边讲边做，实例典型，任务明确，活学活用，学习轻松，上手容易。

2.团队强大。本书由任教多年且具有多年影视动画实践经验的高级讲师为初学者量身定制，以通俗易懂的语言、生动翔实的案例，全面介绍三维渲染基础与实例制作技巧。

3.全新的写作模式。作者根据多年的教学经验，将三维渲染基础与实例制作过程中常见的问题及解决方法以案例讲解的形式展示出来，供读者参考学习。

4.本书所有案例都是作者和相关从业者多年奋斗的经验总结，读者在学习时，可根据对知识点和操作技巧的掌握程度进行选择性阅读。

5.本书配有光盘，读者可参考或直接使用配套光盘里的素材文件，以达到事半功倍的学习效果。

6.本书对知识点进行了精细划分，内容涵盖面广、知识点容量大、案例安排合理、实用性强，可以作为各级各类院校影视、动漫、游戏专业的教学用书及专业的培训机构用书，也可供从事影视、动漫、游戏等相关领域的设计人员和爱好者参考。

在学习的过程中切忌浮躁，要一步一个脚印，打好基础才是王道。如果将学习到工作的过程分为基础学习、技能掌握、实习实训、参加工作等阶段的话，那么本书适合技能掌握阶段以及实习实训阶段。希望读者能认真领会书中的理论知识，配合相关案例，认真学习，打好基础。在此基础上再去发挥创作，最终设计出令人惊叹的作品。

本书的编写得到了重庆领致影视传媒有限公司相关从业人员的大力支持，在此一并表示感谢。

由于时间仓促，加上编者水平和经验有限，书中难免有错误和不当之处，敬请广大读者批评指正。

编者

目录 CONTENTS

目录 CONTENTS

第一章 光照与渲染相关知识

本章导读

为了更好地帮助读者制作出更加出色的三维渲染效果，本章综合了许多领域的知识，讲到了一些专业的词汇和概念以及传统视觉艺术的绘制原理，并在专业制图经验的基础上提出了许多很实用的建议和对幕后技巧的通俗易懂的解释。

精彩看点

让读者快速地了解光照设计原理，理解传统灯光师和三维艺术家所需要掌握的知识，尤其是对 gamma 值的调节。

第一节 准备工作

一、对软件的要求

本书没有局限于某一特定商家的软件。不论你选择了哪个商家的 3D 制作软件，都涵盖了 3D 渲染过程中应用到的艺术、技巧和概念。

二、熟练地运用软件

一幅出色的 3D 效果图有可能是一次随意的试验而生成的，也可能是因一个幸运的偶然机会而产生后保存的结果，还有可能是经过了你的反复修改得到的最后结果。然而多数情况下，只有当你熟练地掌握了所用的软件工具，并熟练地运用一套能够稳定地实现专业效果的工作流程时，才能够制作出最好的效果图。工作流程是指在专业的环境中构图、测试和修正图像时所采用的一系列习惯做法和工作步骤。

三、调整显示器

如果显示器没有调好，会发现每个场景不是光照过度就是光照不足，而且会出现色彩偏差，即做出来的作品放到另一个显示器上看和在自己显示器上看色彩不一样的情况。所以应在开始配置光效之前，花一点时间来保证显示器中看到的是场景的准确再现。尽管任何两台显示器都不可能完全相同地显示同一幅图像，但至少要保证显示器满足基本的最低限度的配置要求。也就是说，至少要能够在显示器上分辨出所有灰色阴影的不同，由于很多显示器上亮度和对比度被调整了，因而看不到图 1–1 中的第一个和最后一个数字。你可以在 http://3drender.com/light/calibration.htm 上下载到图 1–1 所示文件，调整方法如下。

1. 确保你的显示器上没有任何的屏幕眩光和反射光，因为这些因素会影响你准确地看到图像，尤其是黑暗的色调。最好能在昏暗的房间里，关上窗户，显示器后面有微弱的一点点光源是最理想的 3D 照明工作环境。

2. 确保你可以看到图 1–1 中全部的色调，从暗到亮。对于初学者来说，你应该能清楚地看到这个图像的暗部区域和亮部区域中间有明显的边界，并能在黑暗和光亮区域里清楚地看到数字 1~8。

3. 检查显示器的 gamma 值。从远处看图 1–2。中间的正方形（平涂区域）应该和外围的正方形区域的亮度一样，也就是说两个区域融为一体。

4. 调整你的桌面墙纸和应用程序背景色为中性灰或浅黑。鲜艳的色彩在显示器上会让你的眼睛对色彩产生不必要的“误会”。从当下的各大图形图像软件的默认工作窗口色彩就可以看出灰色背景对图形图像工作者来说是很重要的。（图 1–3）

图 1–1

图 1–2

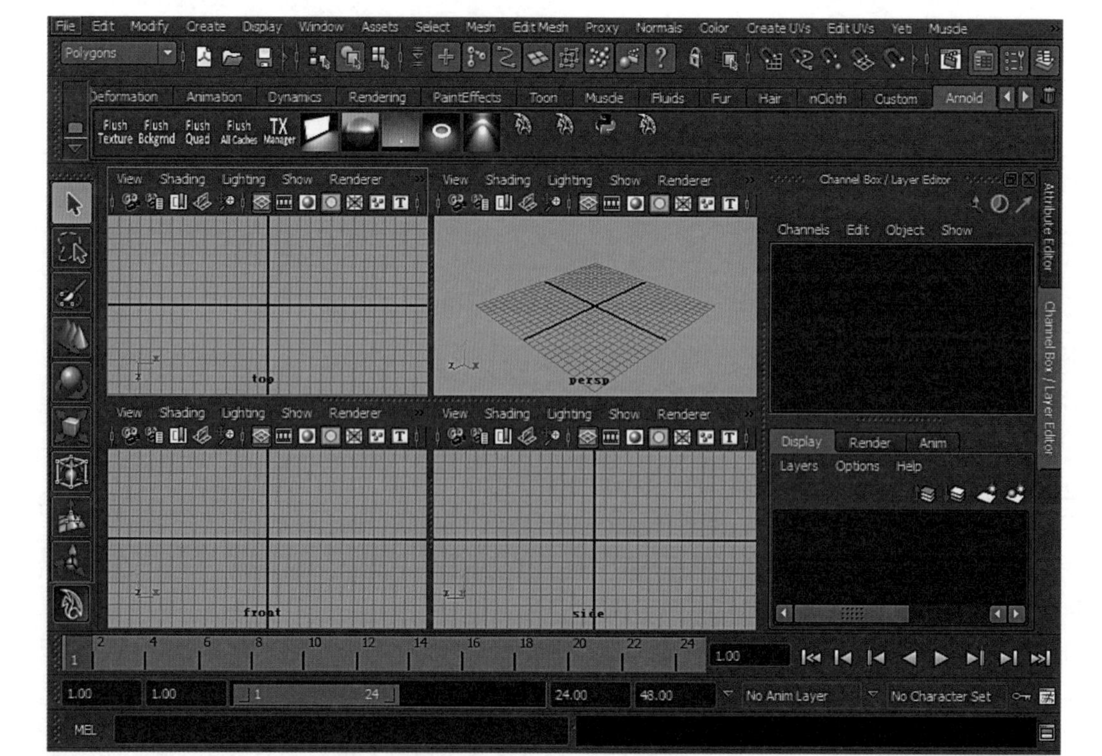

图 1–3

有些应用程序有自己的色彩校正控件，这使图像在该软件内部显示的效果与在其他窗口和应用程序中的显示效果有所不同。应将可能导致这种差异的自动校正程序关闭，这样渲染的图像和纹理图在不同的应用程序中打开时就不会出现色彩上的偏差。能够在显示器上区别出不同灰度只是最低的要求。如果要为某种特定的输出进行渲染，如输出到动态电影、视频或者是彩色打印机上等，就必须进行特定的显示调整以预览最终输出形式的实际情况。尽管对于不同品牌的显示器、配色软件和视频卡及计算机显示调整的控件会有所不同，但校准显示器的基本方法对大多数系统都是实用的。如果要为特定的输出设备校准显示器，应先用该设备打印或输出一张测试图，该测试图要包括足够多的色调和色彩。然后在计算机的显示器上生成该测试图，并将计算机显示的图像与输出的图像相比较。一遍一遍地观察显示器显示的图像与最终输出图像的不同，调整显示器，直到显示器的色调和色彩与最终的输出尽可能接近。如果不知道制作的图像最后要输出到什么设备上，在渲染之前调整显示器的方法就无法使用了。如果是这样的话，就要在图像渲染之后使用绘画或图像制作软件再对图像进行调整，精确地控制图像在特定打印机上的输出。

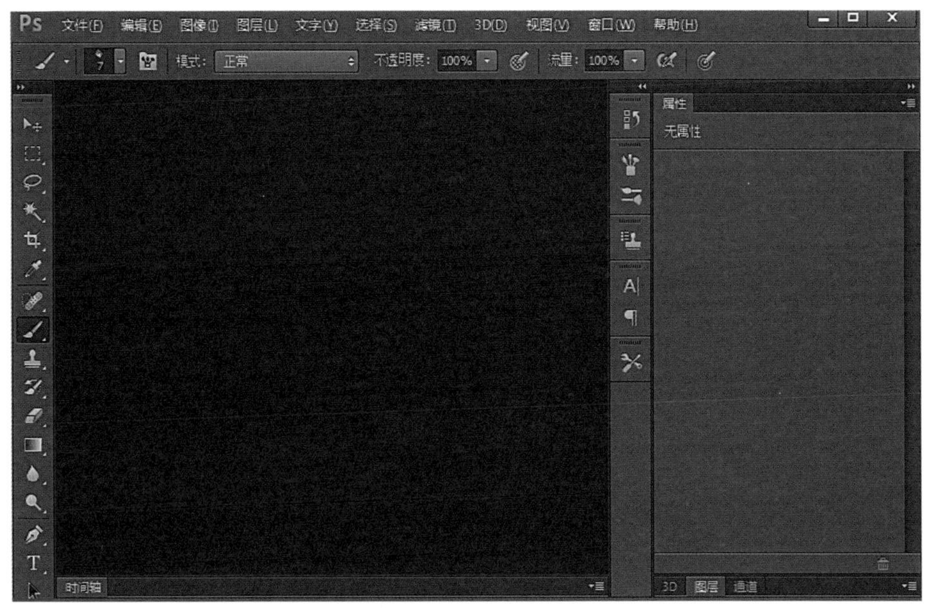

图 1-4

第二节 灯光流程

一、从全黑开始

要控制场景的灯光效果，应先使场景完全黑暗，这样就可以从容地添加需要出现在场景中的灯光。实际拍摄电影时，场景完全黑暗几乎是不可能的，因为场景中通常会有一些自然光。然而幸运的是，计算机制图就像精心搭建的一个完美舞台，在这个舞台上很容易做到时亮时暗的完全控制。关闭场景中所有其他的光源，如默认或环绕光，这些光会削弱对图像局部的灯光控制。Maya中关闭默认灯光的方法是：点击渲染设置窗口，取消勾选。（图1–5）

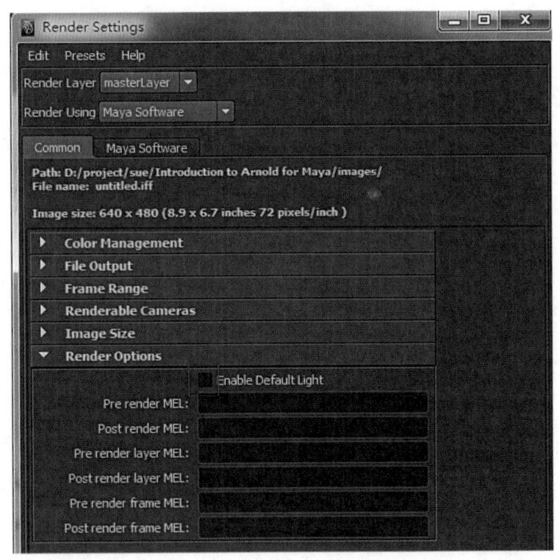

图1-5

二、环境光

在现实生活中，环境光是漫反射光，是通过物体反射或透射的“间接”光。环境光能照亮其他光源没有照射的地方。现实中，房间的阴影部分有时只能通过环境光才能看到。而且，环境光在周围介质中传播时会被着色，从而根据周围物体中获取的颜色为物体的不同平面赋予不同的色彩。真正的环境光在传播过程中，亮度会随着介质的不同而不断变化，并因角度的不同给物体添加不同的色调。（图1–6）

图1-6

很多三维软件的“环境”只是对物体添加单一的、均匀的亮度使物体可见，包括那些光照不到的部分。这样产生的光照色调是不真实的，因为环境对物体所有平面都添加了同样的色彩和亮度，并不考虑位置的不同。因此我们需要关闭环境光，充分利用实拍场景时用到的全套色调照亮3D场景，电影中拍摄的图像会用到从纯黑到纯白的一系列色调。

最好不要用统一的环境球设置光照，有的人担心不用环境球会使场景所有区域显得全黑。实际上，要想获得更高质量的图像渲染效果，用其他一些方法会更好，比如可以在场景中添加辅助光，模拟二次光照效果，这种辅助光容易控制，可以是任何灯光种类，常用的是面积光，它比主要光源要暗，主要用来增加暗部区域，使暗部不至于全黑，从而产生比较丰富、真实的阴影效果。（图1–7）

图1-7

三、添加光源

目前常用的三维软件里面都提供了不同种类的灯光，这些灯光有的用得少，有的用得多，但是，在大多数情况下，观众最后是无法知道你使用了哪种灯光进行渲染的。你可以按照方便的原则来选取光源的种类：只要清楚了在哪些区域应用和配置光后，再选用最容易控制光的工具。

四、光源的测试

光的效果5%在于设置，而95%在于修正和调整。当向场景中添加光源时，必须要进行多次的测试和修正。在包含多个光源的场景中，要清楚每个光源的功能，当不满意图像的明暗效果时，知道对哪个光源进行调整。要详尽地测试来评价你的灯光效果并保证每个光源都在发挥它们应有的作用。为了节约时间和逐步解决问题，不必每一次测试都渲染出一个完整的场景或是产生一个最终的效果图。在渲染测试过程中，可以使用多种技巧进行测试，只要每一步测试能够明确地看到受控灯光的信息就可以了。

五、后期合成图像

我们看到的每一个优秀的三维渲染作品并不是通过三维软件一次渲染成型的，不像照相机一样，一闪就得到一张照片，这些优秀的作品都是通过所谓的后期合成而来的。

第三节 阴影

阴影是采光设计中重要的组成部分，它和光照一样关键。灯光的阴影属性可以增加场景的真实感、丰富色彩的层次及增强图像的明暗效果，它可以将场景中各种物体更紧密地联系在一起，改善场景的有机构成。

一、阴影功能

一般情况下，人们认为阴影是一种模糊的受到限制的视觉，尽管物体会被阴影所隐藏，但阴影也能表现出非阴影部分不能表达的效果。在此，我们学习阴影在电影图像和计算机制图中的一些视觉功能。

1. 定义空间关系

在很多场景中，阴影显示出物体的相对空间关系，可以表现物体的实际效果。如能表现物体是否与地面紧贴，或表现物体与地面的距离等。

2. 表现角度差别

阴影可以表现物体的不同角度，当阴影投射到一个轮廓清晰的物体表面时，可以把这个阴影看作是对物体本身的一种渲染。如果没有阴影，就看不出物体的轮廓。

3. 增加图像的构成效果

阴影在图像的构成中起很重要的作用：可以分割空间，增加图像的变化；可以将观察者的眼睛引导到渲染突出的部分，平衡图像的构成。

4. 增加对比

阴影可以增加两个物体之间的对比度，没有阴影色调会很单一。如果在红色的背景下渲染一个红色的物体，在没有阴影的情况下就很难划分明显的层次。

5. 指示画外空间

阴影还可以指示画外存在的物体。“画面外空间”的场景对许多渲染来说很重要，尤其是在讲述一个故事的时候。阴影可以表现在画面外出现的物体，说明你所表现的“世界”除了镜头内看到的物体外，还有许多其他内容。

6. 有效集合场景中的各种要素

计算机图形常常产生虚幻或不真实的场景，并列在一起的各种要素，看起来不紧凑，或者可能不符合逻辑。阴影可以融合物体间的相对关系，还可以将场景中的各种要素集成在一起。

如果想要场景被观众所接受，并以阴影作为衡量场景可信度的主要依据，那么令人信服的阴影之间的交互作用是增加场景真实性的重要因素。如果希望制作出的作品与现实世界完全符合，那么一个小小的因素，如缺少了一个阴影，就可能使观众把作品看成是与现实不相符的。阴影具有增加作品的现实性和可信度的功能，它在整个作品中的意义相当重大。

二、阴影亮度

太亮或太暗的阴影看起来都不太真实，甚至会分散观众的注意力。在现实生活中，光是在不同表面之间的一种反射，因此，与被照亮的表面相对的阴影不是完全黑暗的，因为照亮的区域会对相邻黑暗的区域有影响。大多数照片在图像相邻的黑色调之间有一个平衡，以便色调能够彼此吻合从而整合阴影区。控制阴影亮度的方法有许多种，但最直接的方法不一定是最好的。

第四节 色彩

若想吸引观众的注意，巧妙地使用色彩是最明智的方法。本节主要讲述 3D 艺术中色彩的功效。正确的色彩方案可以创造或增强人们的感觉，甚至可以改变图像所代表的意义。但是使用色彩也是有技巧的。

《怪物公司》中小女孩进入公司后，画面场景从黑色转变成暗蓝色，再与绚丽的混合色夹杂着刺眼的灯光纠缠在一起形成热烈、躁动的色彩关系，同时响起刺耳的尖叫声、急促的呼吸声。火爆的色调与尖锐的音乐，在视觉和听觉上都刺激着观众的亢奋情绪，此时，影视语言的视觉元素和听觉元素，获得异质同构的关系，色彩和音乐在影片运用中同时获得自身的意义与价值，从而达到完美的艺术效果。

在计算机制图领域，原色不是红、黄、蓝，而是红、绿、蓝。如图 1-8，色彩轮盘只显示颜色的不同色调，而不显示颜色在饱和度上的变化。色调可以显示颜色在色彩谱上的浓度和位置，如红色、橙色、黄色。饱和度则指示出颜色的清晰度和集中度，饱和度高的颜色显得丰满、纯正和富有色彩，饱和度低的颜色则显得灰暗。

物体或光的色彩饱和度过高是 3D 图形中常见的错误。现实生活中的色彩不会像计算机中的那样纯正饱和，会稍有一点杂质，淡一点的色彩往往会产生更加真实的效果。色彩的选择在图像制作过程中是一个重大的决定，即使图像软件提供了大量色彩的调色板，选择正确的色彩仍然可以大大提高工作的质量。

大多数出色的图像都不会从调色板中随机使用色彩，而是会有一个严格定义的色彩方案。色彩方案是对在场景中显示的所有色彩的总体设置。在观众理解图像中的形状和内容之前，色彩方案是给人的第一印象，它有助于确定场景的风格。当给物体或光增加一种新的色彩时，你不是在设置一种色彩，而是在给图像增加色彩方案。人们认为每一种色彩都与色彩方案的其他色彩有关，因此，在设计最有效的色彩方案之前，应该进行仔细的考虑。你可以选择一套数量有限而设置一致的色彩来设计一个高效的色彩方案，并用这些色彩对场景中的每一个元素进行着色。一般情况下，场景中不同的物体会被赋予同一种色彩，由此不会与你的色彩方案抵触。重复使用同一套色彩可以将图像“捆绑”在一起。

色彩方案可以使用色彩对比，从而使其中的某些色彩“跃然”于场景之上，有跳出来的感觉，从而最先引起观众的注意。为什么银行、保险公司或医院喜欢用蓝色做标记，而快餐店喜欢用橙色呢？因为色彩方案中选择的色彩可以给人很微妙的印象，让观众产生不同的联想。

一般情况下，人们觉得较冷的色彩（如蓝色、绿色等）看起来比较远，较暖的色彩（其中特别是红色和橙色）看起来比较近。

高饱和度的色彩相对于低饱和度的色彩更突出。就像优秀广告人知道的那样，坚实、显著的色彩比较突出，而灰色、白色和黑色不易引起注意，更适合作为背景色。

3D 场景确定色彩时的注意事项

1. 集中为场景确定一个明确的色彩方案，而不是在不同的物体上随机使用色彩。

2. 每种类型的光源没有固定的“真实色”。光的色彩与摄像机的色彩平衡或人眼识别的主要色彩有关。

3. 即使不同场景的某一种色彩有所不同，但不同光源的相对色彩根据它们的色温还是可以认识的。不管镜头是什么色彩平衡，室内灯光比中午太阳光要红，天空的辅助光比太阳本身的辅助光要蓝。

4. 如果用不同色彩的光照明物体，场景会变得更丰富、更真实。色温的不同是使光更富于变化的良好出发点。

5. 从周围环境中获取光的色彩可以使场景更富于变化，而且可以模拟自然界间接光的颜色。

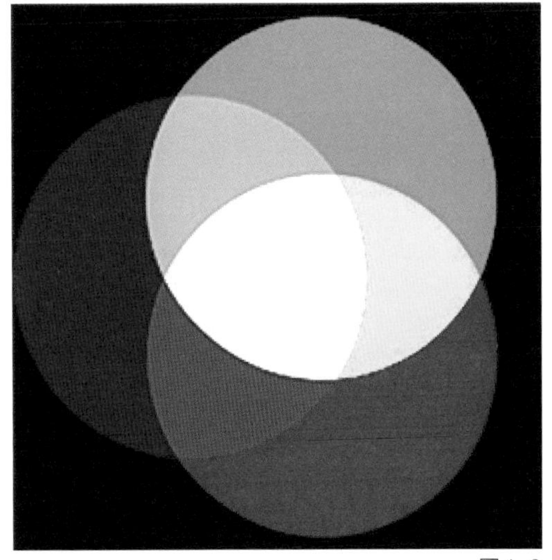

图1-8

第二章 Maya 材质、灯光、渲染讲解

本章导读

要想达到专业设计水准，必须全面控制光照设计过程的每一步，从为每项设计意图选择恰当的光照类型，到测试渲染每个光照并调整其参数选项，这需要了解 Maya 软件里面所用到的渲染模块的相关内容。

精彩看点

好莱坞经典的三点光照对于要踏入光照设计的殿堂的人来说，的确没有比之更适合的入门砖了。

在三维软件中，材质、贴图、灯光与渲染是继模型创建之后的工序。

创建材质、贴图、灯光后，模型会更加逼真，更接近现实中的事物和场景。不同的物体会有不同的质感表现，其主要原因是材质对灯光所做出的反应不同。简单来说，材质决定了对象的外观，渲染则是计算机通过各种计算方法，将图像最终展现在读者眼前的一种技术。

第一节 材质

材质，简单地说就是物体看起来是什么质地的。在真实世界中，如石头是硬的、布料是软的等，这都是材质特性。

在学习材质知识之前，首先要了解何为材质。材质一词包含两个概念：一个是材，一个是质。材在 Maya 中指的是 Shader（材质球），“质”在 Maya 中指的是 Texture（纹理），例如生锈的铁板、棉质的布料等。（图 2-1、图 2-2）

Shader（材质球）作为材质的载体，是对象质感的基础，它有不同的类型，也有不同的属性和应用对象。

Texture（纹理）常常以节点的形式与

图 2-1

图 2-2

Shader（材质球）的某个属性进行关联产生某种效果，例如表现生锈的铁板，就要使用适合制作金属的材质球，如 Blinn、Phong 等。

Hypershade（材质编辑器）是 Maya 渲染的中心工作区域，通过创建、编辑和连接渲染节点（如纹理、材质、灯光、渲染工具和特殊效果），可以在其中构建着色网络。着色网络是连接渲染节点的统称，它将定义好颜色和纹理，有助于改进曲面的最终外观（材质）。着色网络通常由插入着色组节点中的任意数量的连接渲染节点组成。（图 2-3）

一、材质球的常用类型

1.Lambert

它不包括任何镜面属性，对粗糙物体来说，这项属性是非常有用的，它不会反射出周围的环境。Lambert 材质可以是透明的，在光线追踪渲染中发生折射，但是如果没有镜面属性，该类型就不会发生折射。平坦的磨光效果可以用于砖或混凝土表面。它多用于不光滑的表面，

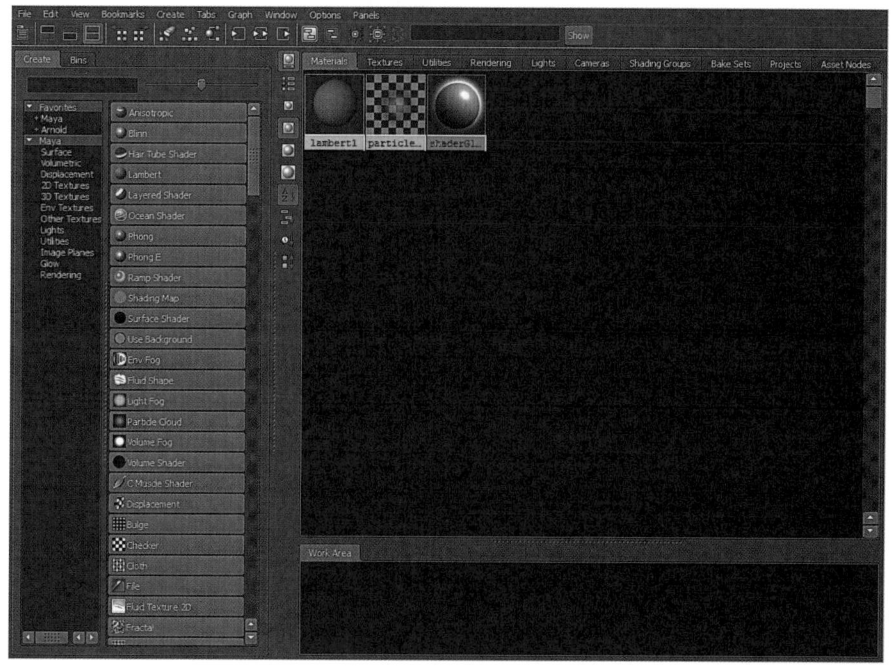

图 2-3

是一种自然材质，常用来表现自然界的物体材质，如木头、岩石等。

2.Phong

有明显的高光区，适用于表现湿滑的、表面具有光泽的物体，如玻璃、水等。利用Cosine Power对Blinn材质的高光区域进行调节。

3.PhongE

它能很好地根据材质的透明度控制高光区的效果。如果要创建比较光泽的表面效果，用Roughness属性；要控制高光亮点的柔和性，用Whiteness属性；要控制高光的大小，用Hightlight Size属性等。

4.Layer shade

它可以将不同的材质节点合成在一起。每一层都具有其自己的属性，每种材质都可以单独设计，然后连接到分层底纹上。上层的透明度可以调整或者建立贴图，显示出下层的某个部分。在下层材质中，白色的区域是完全透明的，黑色区域是完全不透明的。

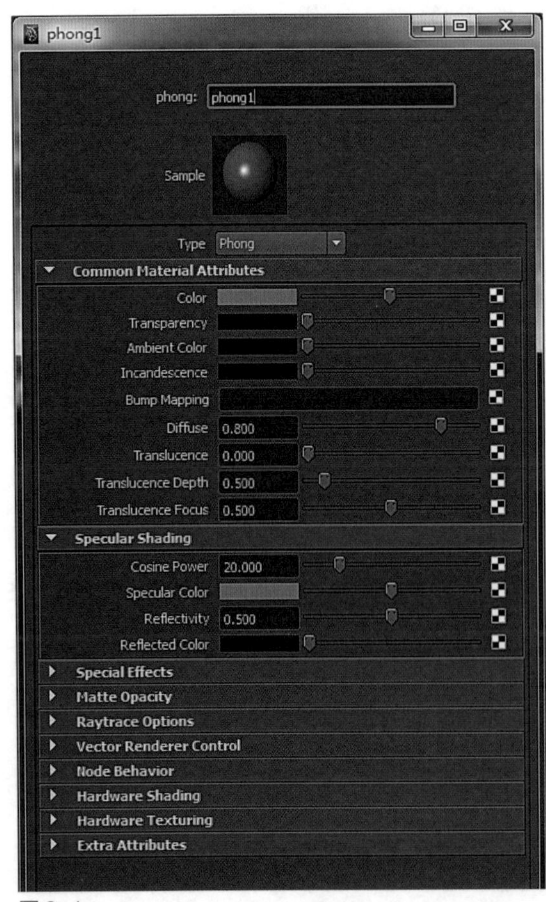

图 2-4

5.Anisotropic

各向异性：这种材质类型用于模拟具有微细凹槽的表面，镜面高亮与凹槽的方向接近于垂直。如头发、斑点和CD盘片等材质，都具有各向异性的高亮。

6.Surface Shader

给材质节点赋以颜色，有些和Shading Map差不多，但是它除了颜色以外，还有透明度、辉光度和光洁度，所以在目前的卡通材质的节点里，选择Surface Shader比较多。

7.Use Backgroud

有Specular和Reflectivity两个变量，来用作光影追踪，一般用作合成的单色背景使用，来进行抠像。

二、材质的属性

材质基本属性在其材质编辑器中可以看到，并可以进行编辑，一般的材质都有通用属性和共享参数。（图 2-4）

1. 一般属性 (也称为通用属性)

通用材质属性是指大部分材质都具有的属性，基本上描述了在开始所讲的物体表面的视觉元素的大部分内容，所不同的是在这里指出了它们在软件中的调节方法。

（1）Color

Color 即材质的颜色。

（2）Transparency

Transparency 即材质的颜色和透明度。例如：若Transparency的值为0(黑)，表示完全不透明。若值为1（白），则为完全透明。要设定一个物体透明，可以设置Transparency的颜色为黑色，或者与一种材质的颜色同色。Transparency的默认值为0。

（3）Ambient Color

Ambient Color 的颜色缺省为黑色，这时它并不影响材质的颜色。当 Ambient Color 变亮时，它改变被照亮部分的颜色，并混合这两种颜色。（主要是影响材质的阴影和中间调部分。它是模拟环境对材质影响的效果，是一个被动的反映。）

（4）Incandescence

白炽为模仿白炽状态的物体发射的颜色和光亮（但并不照亮别的物体），默认值为0（黑），其典型的例子如模拟红彤彤的熔岩，可使用亮红色的 Incandescence 色。在制作树叶的时候，可以稍加一点 Incandescence 色使叶子看起来更生动（同样也是影响阴影和中间调部分，但是它和环境光的区别是白炽是被动受光，环境光是本身主动发光，比如金属高温发热的状态）。

（5）Bump Mapping

通过对凹凸映射纹理的像素颜色强度的取值，在渲染时改变模型表面法线使它看上去产生凹凸的感觉。实际上给予了凹凸贴图的模型表面形状并没有改变。如果你渲染一个有凹凸贴图的球，观察它的边缘，发现它仍是圆的。

（6）Diffuse

漫射是描述物体在各个方向反射光线的能力。Diffuse 值的作用好像一个比例因子。应用于 Color 设置，Diffuse 的值越高，越接近设置的表面颜色（它主要影响材质的中间调部分）。它的默认值为0.8，可用值为0～∞（无穷大）。

（7）Translucence

半透明是指一种材质允许光线通过，但是并不透明的状态。这样的材质可以接受来自外部的光线，变得发光。常见的半透明材质还有蜡，一定质地的布、模糊的玻璃以及花瓣和叶子等。表面的 Translucence 值在被无阴影投射灯光照亮时为0或者无穷大。如果场景中有半透明物体和投射阴影的灯，若出现了锯齿状的暗部边缘，这时应该提高射灯的 Dmap Filter Size 或者降低 Dmap Resolution；若设置物体具有较高的 Translucence 值，这时应该降低 Diffuse 值以避免冲突。表面的实际半透明效果基于从光源处获得的照明，和它的透明性是无关的。但是当一个物体越透明时，其半透明和漫射也会得到调节。环境光对半透明（或者漫射）无影响。

2. 高光属性（Lambert 没有此类属性）

控制表面反射灯光或者表面炽热所产生的辉光的外观。它对于 Lambert、Phong、phong E、Blinn、Anisotropic 材质的用处很大。

（1）Eccentricity

它可以控制高光范围的大小。

（2）Specular Roll off

它可控制表面反射环境的能力。

（3）Specular Color

它可控制表面高光的颜色，黑色无表面高光。

3. 光学属性

（1）Reflection

反射可模拟自然界中的反射现象，可以在 Reflected Color 中进行贴图，可以通过 Reflectivity 控制其反射率。

（2）Refraction

折射，打开它时，计算光影追踪，但速度会变慢，关闭它时，不计算光影追踪。

（3）Refractive Index

折射率，描述光线穿过透明物体时被弯曲的程度（在光线从一种介质进入另一种介质时发生，如从空气进入玻璃，离开水进入空气。折射率和两种介质有关）。射率为1时不弯曲，常见物体的折射率如下：

空气 / 空气 1

空气 / 水 1.33

空气 / 玻璃 1.44

空气 / 石英 1.55

空气 / 晶体 2

空气 / 钻石 2.42

（4）Refraction Limit

光线被折射的最大次数，计算机低于6次就不计算折射了，一般就是6次，次数越多，运算速度就越慢，钻石折射次数一般为12。如果 Refraction Limit 为10，则表示该表面折射的光线在之前已经过了9道折射或反射。该表面不折射前面已经过了 10 次或更多次折射或反射的光。它的取值为 0 ~ ∞（无穷大），可调节的值为 0~10，缺省值为 6。

（5）Translucence Depth

半透明深度即半透明距离。

（6）Light Absorbance

光的吸收率，此值越大，反射与折射率越小。

（7）Surface Thickness

表面厚度，指介质的厚度，通过此项的调节，可以影响折射的范围。

（8）Shadow Attenuation

阴影衰减，是通过折射范围的不同而导致阴影范围的大小不同。

（9）Reflected Color

反射颜色一般都用于环境贴图，尤其是玻璃、水等。

（10）Reflection Specularity

此属性用于 Phong、Phong E、Blinn、Anisotropic 材质。

（11）Raytrace

控制光影追踪时的表面外观，光影追踪可用于 Lambert、Phong、Phong E、Blinn、Anisotropic 材质。

4. 其他属性（渲染属性）

（1）Hide Source

表面在渲染时不可见（如果 Glow Intensity 的值不为 0），只显示辉光的效果，默认为 Off。

（2）Glow Intensity

控制表面辉光的亮度。范围为 0~1，默认值为 0。

（3）Matte Opacity

用户可以在渲染中得到 RGB 图像、Alpha 图像和 Depth 图像。用户也可以得到一个可以控制参数的 Alpha，那么就要依赖 Matte Opacity 选项。其中有三个参数，分别是 Opacity Gain、Solid Matte 和 Black Hole。

① Opacity Gain

Opacity Gain 是 Matte Opacity 的默认设置，它可以用来缩放某个物体的遮罩参数，其公式是：物体的遮罩参数 = 渲染后遮罩数值 × Matte Opacity。

② Solid Matte

此选项与不透明度增益类似，所不同的是常规计算的蒙版值（即物体之间的透明度叠加）会被蒙版不透明度的设置所取代。如果物体上

图 2-5

有透明区域，这些区域的透明度将在蒙版中被忽略。

③ Black Hole

使物体的遮罩数值为 0，其公式是：物体的遮罩数值 = 0。

注：Opacity Gain 和 Solid Matte 在一般的材质球上想看到效果是很难的，可以用 Use background 节点看到其效果的变化。它们的功用主要体现在合成上。

④ Hardware Texturing

它的主要作用就是更为清楚地显示某个材质属性。

图 2-5 是单独渲染出的每个通道。里面包含环境光、直接光照、自身染色、环境闭合、反射、折射、高光、菲涅尔、景深层等，这些层可以全部在后期软件中单独进行颜色调整，只针对单独的某一个层调整，这样对图像就会有一个极大的可控范围，而且节约了在 Maya 里面渲染的时间，所以效率将会大大地提高。

图 2-6

最后通过合成软件将这些通道合成为最终图像。图 2-6 可以发现最终的效果图非常令人满意，有非常细腻的细节，如果你觉得某些局部还需调整，比如高光还不够亮、高光范围还不够大等，你都可以在后期软件里面对高光层进行单独调整，这就是单独渲染每一个通道的好处，如果不是单独渲染每一个通道，而是一次性在 Maya 里面渲染出最终效果图，那么你将很难对图像的某个局部做你想要的调整。

第二节 灯光

光对于现实生活来说，是给予我们看见一切事物的基础。在 CG 制作过程中，我们是通过灯光将所有场景中的所有元素有机地统一起来呈现给观众，一般灯光有以下几个功能：

第一，照明的作用，这是最基本的。如果一个画面没有灯光，将什么都看不见，就谈不上我们所说的下面的两点，现实中也是这样的，如果没有照明地球将会是一片黑暗。

第二，塑造形体。有了灯光照明之后，我们将会对物体进行更深入的塑造，包括画面的构成分割、虚实、对比、层次、对象、节奏，物体之间的关系变化等。

第三，设计灯光来营造戏剧效果，表达特定感情色彩，推动和辅助情绪的表达。

我们 CG 中的灯光不能仅仅为了照明场景，更多的应该是对画面进行塑造和表现。它比现实中的灯光要灵活得多，我们可以很方便地进行各种调节，就像画画一样，Maya 的灯光在我们的手中就成了画笔。要想做到利用灯光对画面氛围塑造达到游刃有余的程度，需要长时间

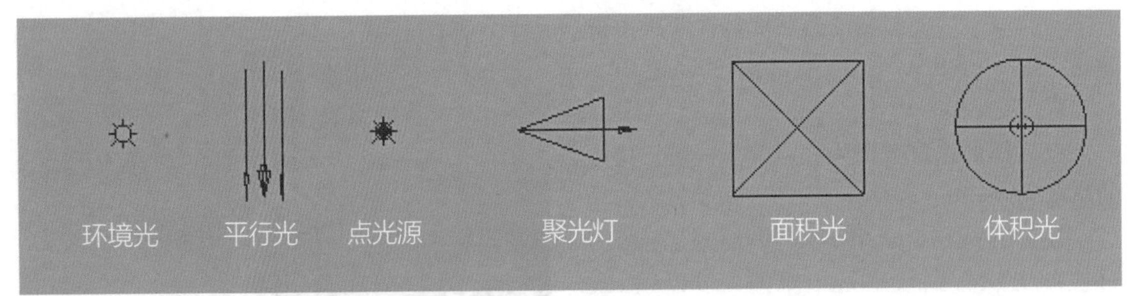

图 2-7

的相关训练，需要不断提高自己对画面的塑造能力、色彩造型能力、对光影变化的深入认识等，不断积累经验，多多练习。

在 CG 图形中会使用到许多种灯光类型，组合使用这些灯光可以模拟任何光源效果。要达到我们所期望的画面效果，我们首先需要了解这些光源类型，了解里面的参数设置，及其会起到的变化。在制作 CG 动画或是游戏的时候都会涉及灯光，但在使用时为了模拟不同的光源效果，就要考虑软件中提供的各种灯光类型。不同类型的灯光，实现的效果也不尽相同，这就需要我们了解每一个光源类型，根据项目进行取舍。

一、灯光的种类

现实生活中，灯光有很多种。在 Maya 中可归纳为 6 种类型，即 Ambient Light（环境光）、Directional Light（平行光）、Point Light（点光源）、Spot Light（聚光灯）、Area Light（面积光）和 Volume Light（体积光）。（图 2-7）

1.Ambient Light（环境光）

环境光是模拟漫反射的一种光源。它能将灯光均匀地照射在场景中每个物体上面，在使用 Ambient Light 时可以忽略方向和角度，只考虑光源的位置。随着计算机图形软件的飞速发展和 Maya 版本的更新，近几年已经很少有灯光师使用环境光来为场景照明，在此不做过多讲解。

2.Point Light（点光源）

从光源所在位置均匀照亮所有方向，照射的阴影也会呈现放射状，使用点光源可以模拟灯泡，很多时候是作为辅助光来使用的。（图 2-8）

3.Spot Light（聚光灯）

从灯光所在的位置均匀地照亮一个狭长的方向（由一个圆锥体定义），使用聚光灯可以创建一束逐渐变宽的光（如电筒、汽车远光灯

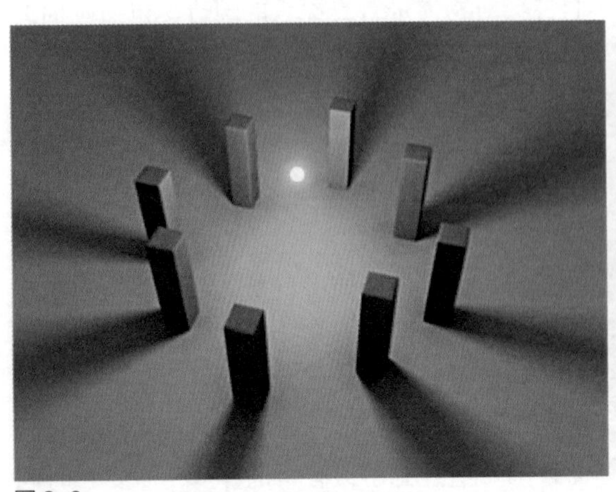

图 2-8

图 2-9

等），这是使用频率很高的灯光，聚光灯控制起来比较方便，参数比较多，用它可以很方便地对物体进行深入的刻画。它还可以配合灯光雾使用，来模拟一些特殊效果。聚光灯的照明范围比较容易控制，一般在深入刻画形体时用得比较多。（图 2-9）

大多数灯光师会用聚光灯来模拟灯罩投射下来的光源效果，如图 2-10。使用聚光灯还有一个好处就是可以准确地控制灯光方向，虽然模拟这种效果点光源也可以做到，但是点光源很难控制方向。

4.Directional Light（平行光）

平行光仅在一个方向上发射灯光，它的光线是互相平行的，使用平行光可以模拟非常远的太阳光。平行光只受照明角度方向的影响，这是它的一个重要特点。（图 2-11）

5.Area Light（面积光）

面积光是以一个平面作为发光源，这种发光的形式比较接近真实，能得到较好的阴影虚实变化效果，但是计算速度相对较慢。与点光源和聚光灯不一样，面积光的图标放大和缩小可以实现模拟现实生活中光源的发光尺寸。面积较小的时候其得到的发光效果与点光源类似，面积越大，投射的面积也就越大，同时阴影也就变得越柔和。（图 2-12、图 2-13）

6.Volume Light（体积光）

使用体积光来照亮给定体积的范围，体积光最大的优势在于能用可视的方式显示灯光的范围，它的范围在体积范围之内，体积光渲染后的效果类似于点光源，但是投射区域可以进行调节。（图 2-14）

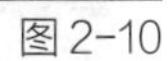
图 2-10

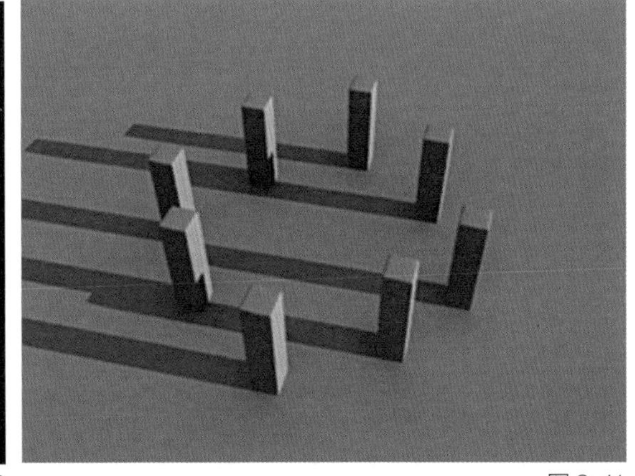
图 2-11

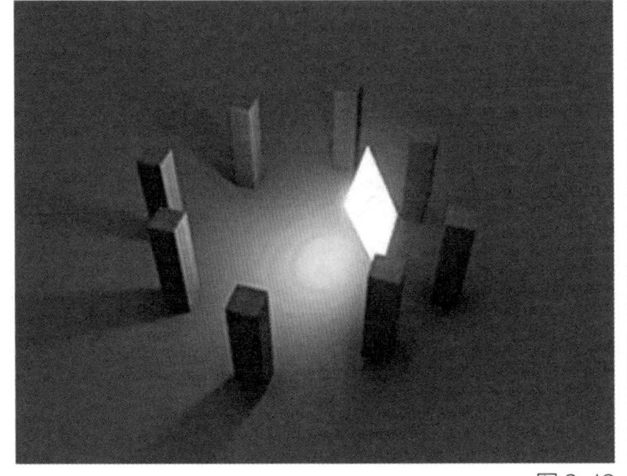
图 2-12

图 2-13

图 2-14

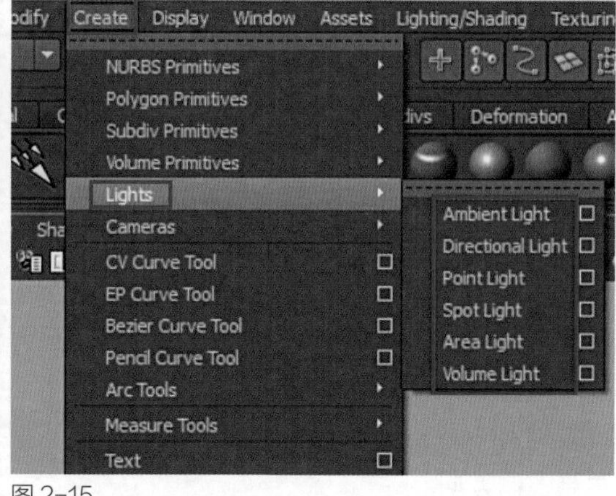

图 2-15

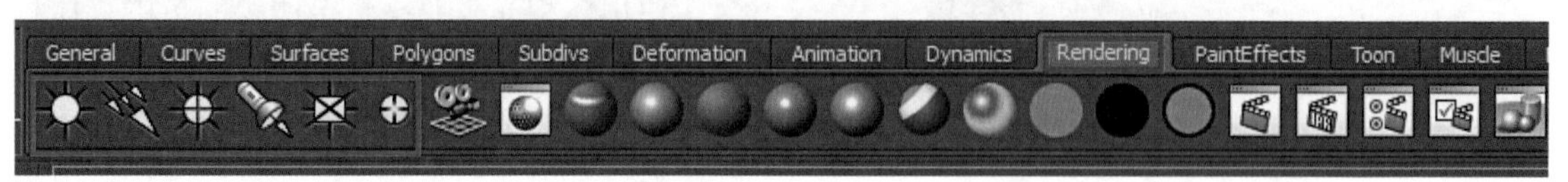

图 2-16

二、如何在 Maya 中创建灯光

一种是从菜单创建，在图 2-15 的菜单 Creat 中选择 Lights 选项下的一个灯光类型，如果在灯光类型的右边点击小方块，我们可以在创建之前对灯光属性进行预设。一般我们都是在创建灯光以后进行调整。还有一种方法是从工具条上创建灯光，选择菜单 Rendering 一项，再选择合适的灯光类型，单击即可创建。（图 2-16）

灯光创建之后会出现在 Maya 实际坐标体系的中间，在 Hypershade 中也会出现我们所创建的灯光，可双击 Hypershader 中我们所创建的灯光节点，或者选择灯光，用 Ctrl+A 的快捷键打开灯光的属性面板进行设置。

在创建完灯光之后，选择需要调整的灯光，通过视图菜单 Panels 下的 Look Through Selected 进入灯光视图，可以对灯光的位置进行调整，灯光视图实际上就是一个特殊的摄像机视图，这种调节和摄像机视图一样。这种调节方法在实际制作中经常使用。

三、Maya 中通用灯光属性和选项

选择灯光，用 Ctrl+A 或者在 Hypershade 中双击打开灯光节点的属性，即可进入灯光属性面板。（图 2-17）

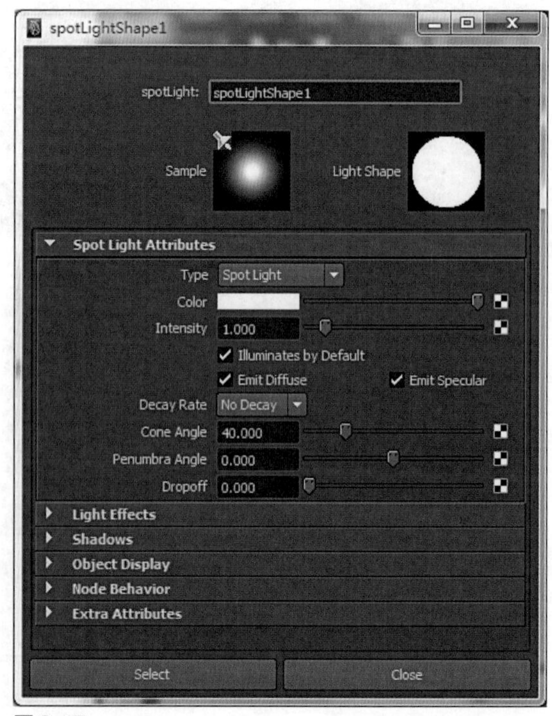

图 2-17

在属性面板的最上边我们可以修改灯光的名称，可以快速地寻找灯光属性上下游的节点。Intensity Sample 和 Light Shape 显示的是灯光的强度采样和灯光的形态缩略图，在调节灯光的各种参数时可实时地观察它的效果。对灯光的颜色调节，也能从缩略图看出效果变化。

1.Type（灯光类型）

更换灯光类型。在属性编辑器中，可以更改灯光类型。当灯光改变时，只有公告的属性会被保持，非公告的属性的设置将会消失，但灯光在场景中的位置仍会被保留。（图 2-18）

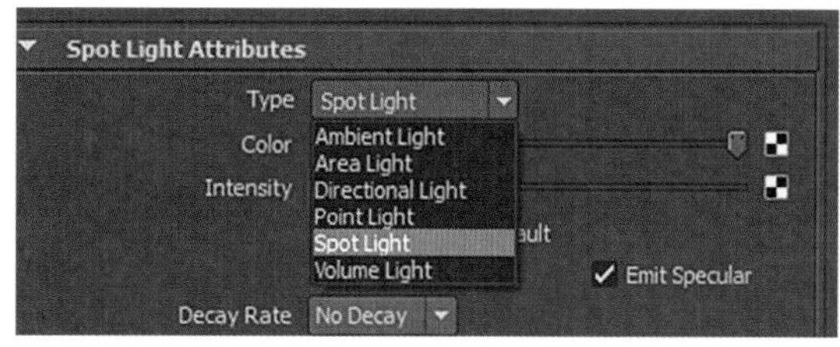

图 2-18

2.Color(灯光颜色)

确定灯光颜色。可以点击 Color 旁边的色块，在弹出的 Color Chooser 选项中选择所需要的颜色，或点击小棋盘格图标将纹理制作在灯光上。

3.Intensity（灯光强度）

控制灯光的照明强度，当值为 0 时表示不产生灯光效果；当灯光强度为负值时可以去除灯光照明。在实际的运用中可以减弱局部灯光强度，还可以利用它来制作只产生投影而不产生照明的特殊效果。

4.Illuminates by Default（默认照明）

如果打开该选项，灯光将影响场景中的所有物体。

注意：在物体进行灯光连接时需要关闭此项，否则连接将是无效的。

5.Emit Diffuse（漫反射照明）

Emit Diffuse 选项默认是打开的，它可以控制灯光的漫反射效果，如果此项关闭则只能看到物体的镜面反射，中间层次将不被照明。利用这一选项我们可以制作只影响镜面高光的特殊效果。

6.Emit Specular（照亮高光）

Emit Specular 选项默认是打开的，它能控制灯光的镜面反射效果，做辅助光的时候将其关闭，往往能获得更好的效果，也就是说让物体在暗的地方没有很强的镜面高光。

7.Decay Rate（灯光的衰减）

在现实生活当中，物体的照明随着物体离光源距离的增加而减弱被称为灯光衰减。例如物体放在灯泡的附近就会被照得很亮，但是当物体远离灯光时，它的亮度就会减弱很多，我们把这种现象称为衰减。

现实生活中点光源的光成平方衰减。它的意思是指到达物体某一点的照明等于光源除以光源与物体之间距离的平方，可以用公式来计算：物体照明 = 亮度 / 距离的平方。

以上是通用灯光的属性，由于当今世界软件的迅猛发展，在实际工作当中已经很少运用 Maya 提供的一些灯光，最常用的一种灯光就是聚光灯，另外就是面积光和平行光。

8.Cone Angle（锥角）

聚光灯锥体的角度（单位角度）控制聚光灯的照射范围。有效范围是 0.006 到 179.994，默认 40。在实际运用时我们应该尽可能地合理利用聚光灯的角度，不要随便将灯光角度设得太大，这样可能对深度贴图的阴影造成影响，而导致动画中的阴影出现错误。

9.Penumbra Angle（半影角）

在边缘将光束强度以线性的方式衰减为 0，其有效范围是 -179.994 ~ 179.994，滑块为 -10 ~ 10，默认为 0，当值为负数时向内衰减，反之向外衰减。（图 2-19）

10.Drop off（衰减）

控制灯光强度从中间到边缘减弱的速率。有效范围是 0 ~ ∞（无穷大），滑块为 0 ~ 255，值为 0 时无衰减。通常配合 Penumbra Angle 使用。

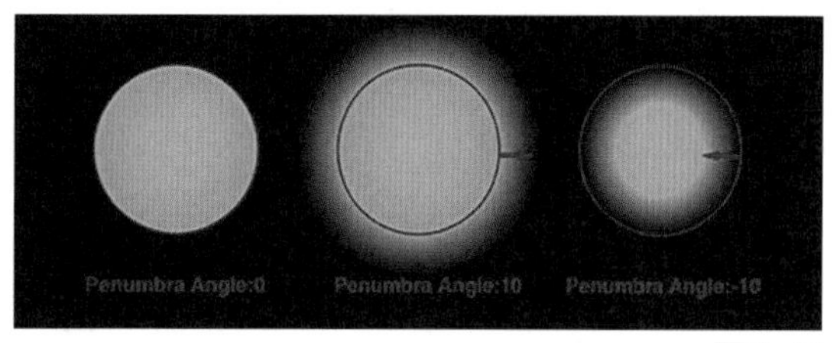

图 2-19

第三节 渲染

渲染是一种欺骗眼球的视觉艺术，渲染一直都是一种看你愿意投入多高的电脑配置来模拟现实的工作——它高昂的成本不仅在于金钱，还有时间。

渲染是 CG 制作过程中的最后一道工序，就像生产线上的装箱运输，让我们的作品看起来是一个成品，即将 Maya 的源文件输出转换为电视、电影等设备能识别的数据，以图片或动态影像的形式存在。

图 2-20 故事版

图 2-21 色彩设定

图 2-22 没有全局光照

图 2-23 最终 GI 图像

Maya 的渲染器包括 Software Renderer（软件渲染器）、Hardware Renderer（硬件渲染器）和 Vector Renderer（矢量渲染器），还有一些第三方的渲染器，如 Vray、Arnold、Renderman 等。本书将主要使用现在行业里最受追捧的 Arnold 渲染器来进行案例的讲解。

最近几年渲染器的决定性因素在于全局照明（GI）。Jeremy Birn（皮克斯的灯光技术总监，以及 *Digital Lighting and Rendering* 一书的作者）简洁地把 GI 定义为：“模拟两个表面之间相互反射的任意渲染算法”。当用全局照明来渲染的时候，不需要添加反射光来模拟间接光源，因为软件会根据直接照到画面中的表面来计算间接光源。（图 2-20~ 图 2-23）

Arnold 是一款为制作长篇动画和电影视觉特效而设计的高级随机光线追踪渲染引擎，最早是和 Sony Pictures Imageworks 合作开发的，Arnold 有超过 250 个工作室都在应用 Arnold 制作特效，其中包括 ILM，Framestore，The Mill and Digic Pictures。Arnold 是《怪兽屋》《天降美食》《环太平洋》《地心引力》等电影采用的主要渲染器。

Arnold 中的真实采样值是输入值的平方。比如 AA 采样，也就是摄像机采样中的数量是 3，则实际采样数量就是 $3^2=9$。每一项 GI 的采样值都是其采样数量与 AA 采样的乘积，比如 Diffuse 采样值设置为 2，则实际采样数量就是 $2^2 \times 3^2=36$，即每像素计算 36 次光线。（图 2-24）

勾选 Lock Sampling Pattern 会锁定 AA 采样的结果，使噪点不随着帧数变化而变化。

一般默认的 AA 采样为 3，可以作为预览值，4 可以作为中等质量值，8 是高质量，16 是超高质量。因为 AA 的采样值会与 GI 的采样值相关，所以当 AA 的采样值较高时可降低 GI 的采样值。

动态模糊和流体质量直接与 AA 采样有关。一般情况下，渲染时要先调整各项 GI 的采样值，再调整 AA 的采样值来改变总体质量。

在 MtoA 1.0 中，SSS 和流体质量提供了两个单独的 GI 质量控制。

提高采样质量最重要的工作是去除噪点。（图 2-25 ~ 图 2-30）

AA Samples : 9
GI Samples (with Max Depth) : 36 (36)
Glossy Samples (with Max Depth) : 36 (36)
Refraction Samples (with Max Depth) : 36 (72)
Total Samples without lights (with Max Depth) : 117 (153)
Lock Sampling Pattern
AA Samples 3
Diffuse Samples 2
Glossy Samples 2
Refraction Samples 2

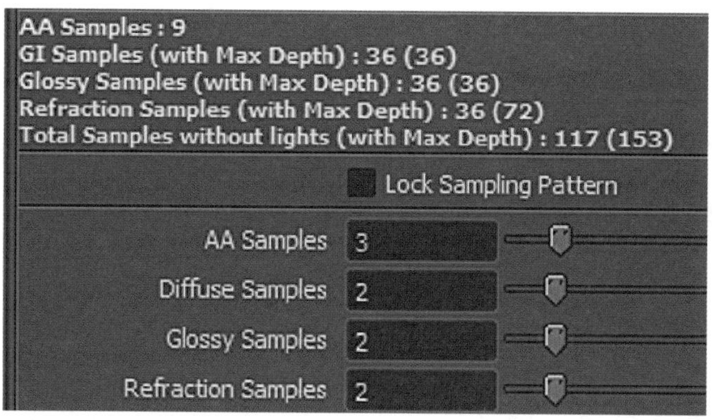

图 2-24

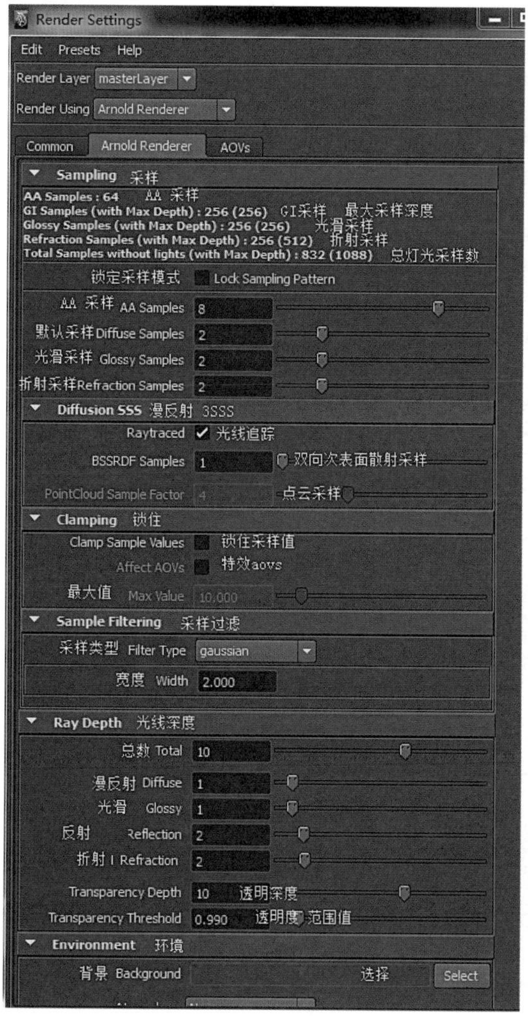

Render Settings
Edit Presets Help
Render Layer masterLayer
Render Using Arnold Renderer
Common Arnold Renderer AOVs
Sampling 采样
AA Samples : 64 AA 采样
GI Samples (with Max Depth) : 256 (256) GI采样 最大采样深度
Glossy Samples (with Max Depth) : 256 (256) 光滑采样
Refraction Samples (with Max Depth) : 256 (512) 折射采样
Total Samples without lights (with Max Depth) : 832 (1088) 总灯光采样数
锁定采样模式 Lock Sampling Pattern
AA 采样 AA Samples 8
默认采样 Diffuse Samples 2
光滑采样 Glossy Samples 2
折射采样 Refraction Samples 2
Diffusion SSS 漫反射 3SSS
Raytraced 光线追踪
BSSRDF Samples 1 双向次表面散射采样
PointCloud Sample Factor 4 点云采样
Clamping 锁住
Clamp Sample Values 锁住采样值
Affect AOVs 特效aovs
最大值 Max Value 10.000
Sample Filtering 采样过滤
采样类型 Filter Type gaussian
宽度 Width 2.000
Ray Depth 光线深度
总数 Total 10
漫反射 Diffuse 1
光滑 Glossy 1
反射 Reflection 2
折射 Refraction 2
Transparency Depth 10 透明深度
Transparency Threshold 0.990 透明度范围值
Environment 环境
背景 Background 选择 Select

图 2-25

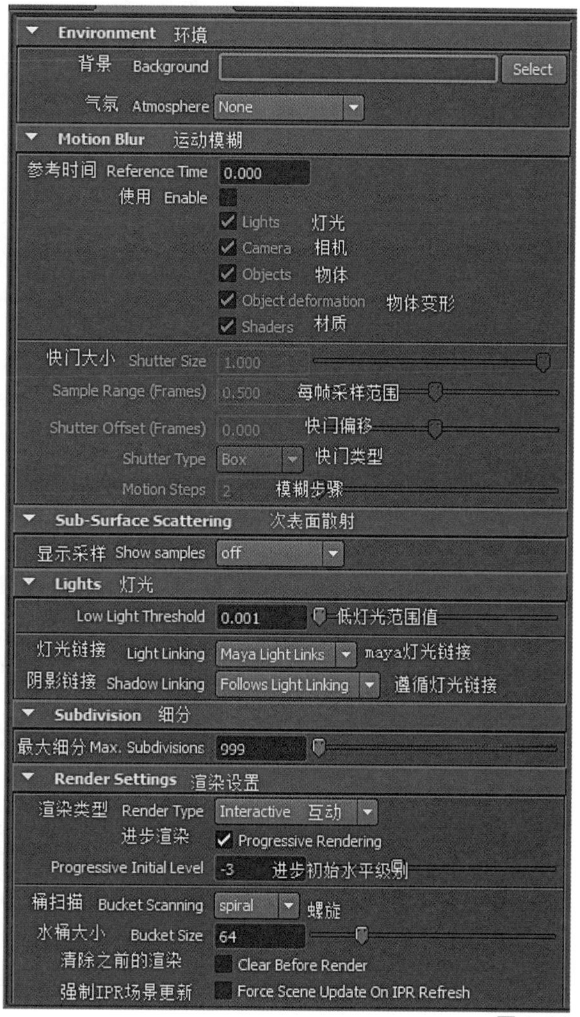

Environment 环境
背景 Background Select
气氛 Atmosphere None
Motion Blur 运动模糊
参考时间 Reference Time 0.000
使用 Enable
Lights 灯光
Camera 相机
Objects 物体
Object deformation 物体变形
Shaders 材质
快门大小 Shutter Size 1.000
Sample Range (Frames) 0.500 每帧采样范围
Shutter Offset (Frames) 0.000 快门偏移
Shutter Type Box 快门类型
Motion Steps 2 模糊步骤
Sub-Surface Scattering 次表面散射
显示采样 Show samples off
Lights 灯光
Low Light Threshold 0.001 低灯光范围值
灯光链接 Light Linking Maya Light Links maya灯光链接
阴影链接 Shadow Linking Follows Light Linking 遵循灯光链接
Subdivision 细分
最大细分 Max. Subdivisions 999
Render Settings 渲染设置
渲染类型 Render Type Interactive 互动
进步渲染 Progressive Rendering
Progressive Initial Level -3 进步初始水平级别
桶扫描 Bucket Scanning spiral 螺旋
水桶大小 Bucket Size 64
清除之前的渲染 Clear Before Render
强制IPR场景更新 Force Scene Update On IPR Refresh

图 2-26

1. 动态模糊噪点

提高 AA 的采样值能改善动态模糊的噪点，会影响 GI 部分的计算次数，因此需要相应降低 GI 采样以赢得渲染时间。

2. 间接漫射噪点

检查是否是漫射引起的噪点的手段有两种：一是从 AOV 中查看 Intirect Diffuse 数值是否过低；二是可以把 Diffuse 采样降低到 0，如果噪点消失了，那就是间接漫射起噪。提高 Diffuse Samples 可以去除噪点。

Edit Presets Help
Render Layer masterLayer
Render Using Arnold Renderer
Common Arnold Renderer AOVs
Auto Mipmap 自动 mipmap
Accept Untiled 接受 未排列
Use Existing Tiled Textures 使用现有 排列纹理
Accept Unmipped 使用 unmipped
自动排列大小 Auto Tile Size 64
Max Cache Size (MB) 512.000 最大缓存数
Edit Presets Help
Render Layer masterLayer
Render Using Arnold Renderer
Common Arnold Renderer AOVs
Auto Mipmap 自动 mipmap
Accept Untiled 接受 未排列
Use Existing Tiled Textures 使用现有 排列纹理
Accept Unmipped 使用 unmipped
自动排列大小 Auto Tile Size 64
Max Cache Size (MB) 512.000 最大缓存数
Max Open Files 100 最大打开文件数
Per File Stats 每个文件统计
默认模糊 Diffuse Blur 0.031
平滑模糊 Glossy Blur 0.016
Feature Overrides 功能覆盖
Ignore Textures 忽略问题
Ignore Shaders 忽略阴影
Ignore Atmosphere 忽略气氛
Ignore Lights 忽略灯光
Ignore Shadows 忽略阴影
Ignore Subdivision 忽略细分
Ignore Displacement 忽略置换
Ignore Bump 忽略凹凸
Ignore Smoothing 忽略平滑
Ignore Motion Blur 忽略运动模糊
Ignore Sss 忽略SSS
Ignore Mis 忽略放置
Ignore Dof 忽略 dof

图 2-27

Render Settings 渲染设置
渲染类型 Render Type Interactive 互动
进步渲染 Progressive Rendering
Progressive Initial Level -3 进步初始水平级别
桶扫描 Bucket Scanning spiral 螺旋
水桶大小 Bucket Size 64
清除之前的渲染 Clear Before Render
强制IPR场景更新 Force Scene Update On IPR Refresh
Autodetect Threads 自动检测线程
线程 Threads 1
Binary Ass Export 二进制输出
Export Bounding Box 输出边界
Preserve Scene Data 保存现场数据
Abort On Error 终止错误
Abort On License Fail 终止错误许可
Skip License Check 跳过授权检测
Enable Swatch Render 开启样本渲染
User Options 用户选项
Gamma Correction Gamma 更新
Display Driver gamma 2.200 显示gamma 驱动
Lights 2.200 灯光
Shaders 2.200 材质
Textures 2.200 纹理
Textures 纹理
Auto Mipmap 自动 mipmap
Accept Untiled 接受更新
Use Existing Tiled Textures 使用现有纹理
Accept Unmipped 接受 unmipped
Auto Tile Size 64 自动排序大小
Max Cache Size (MB) 512.000 最大缓存数值
Max Open Files 100 最大打开文件

图 2-28

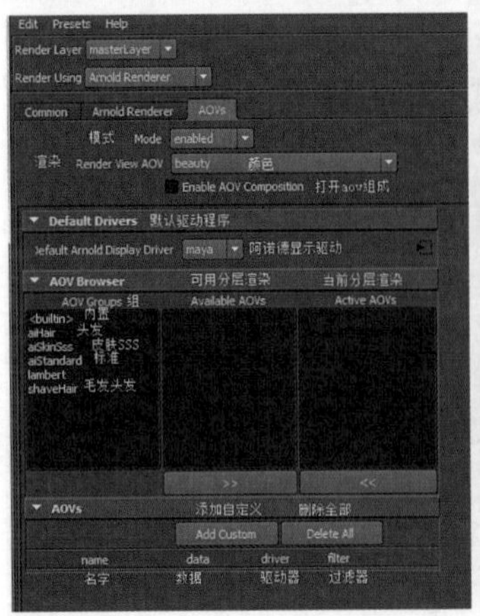

图 2-29

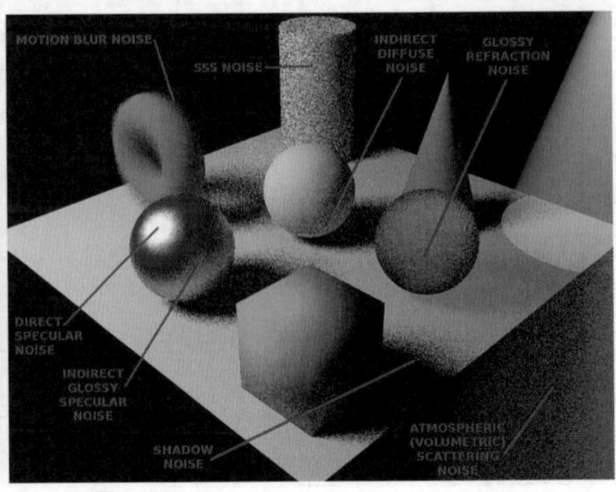

图 2-30

第四节 人像布光

本节主要讲解常见的各种人像布光类型，软件参数的调整不是本节重点，不做细节讲解。

一、第一种类型

第一步，打主光。这里我们用的是平行光（图 2-31），平行光的属性是它的光照只与光线的方向有关，与灯光的位置和你所看到的灯光大小无关。灯光的位置参数如图 2-32-1。接下来是灯光的详细微调。灯光的 Intensity 强度为 1，然后开启深度阴影贴图 Depth Map Shadow Attributes（图 2-32-2）。分辨率 Resolution 为 2043。调整模型的 Blinn 材质参数，Specular Color 镜面颜色为黑色，Reflectivity 反射率为 0(图 2-32-3）。

最后用 Maya Software 渲染，勾选渲染面板下的 Raytracing Quality 光线追踪阴影。(图 2-33）主光作用是照亮主体物，照射面积大，有明显的阴影，使主体物很突出。（图 2-34）

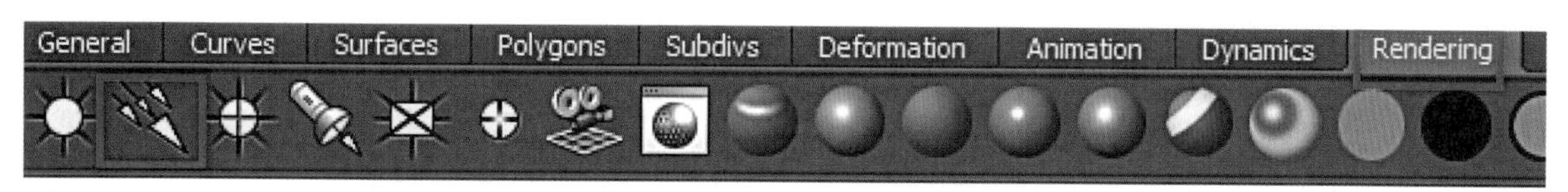

图 2-31

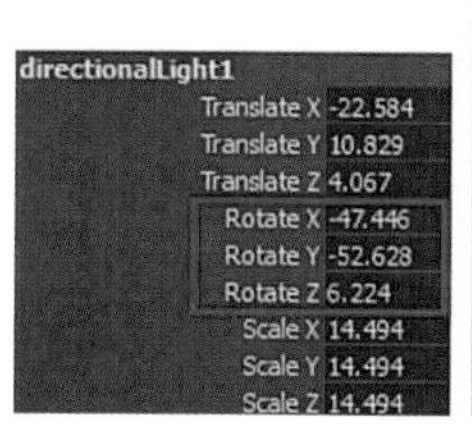

图 2-32-1

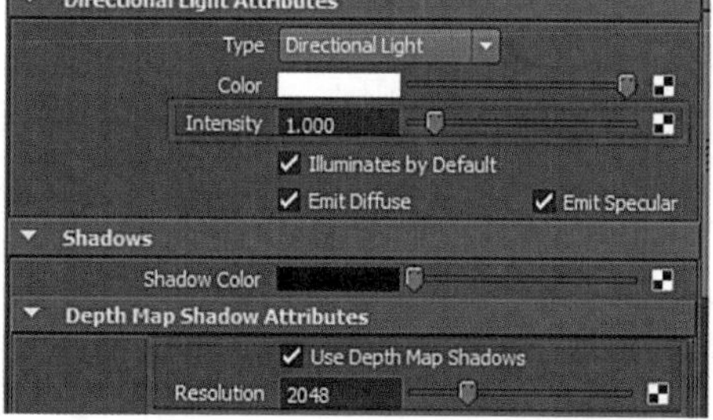

图 2-32-2

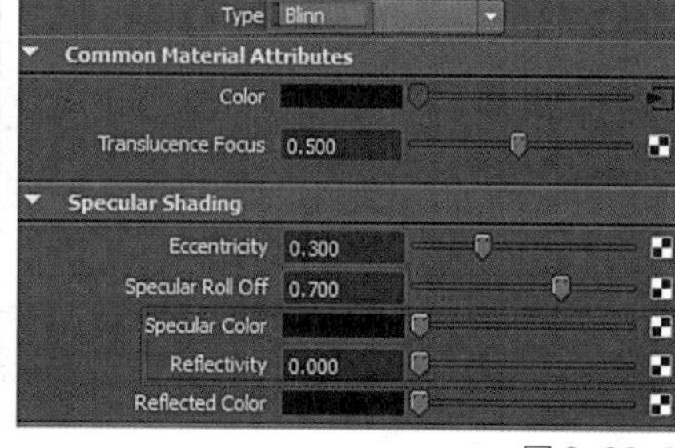

图 2-32-3

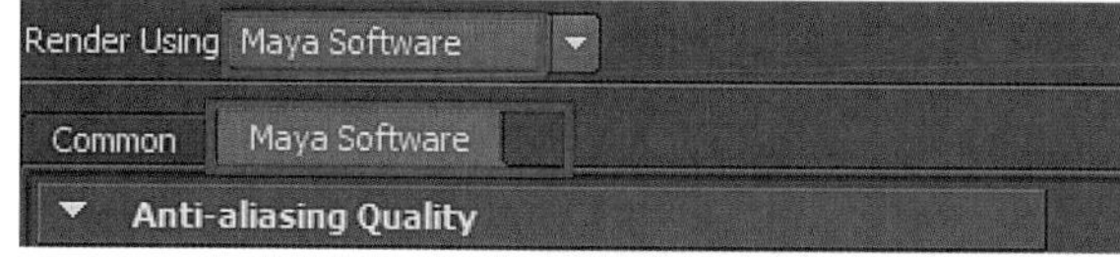

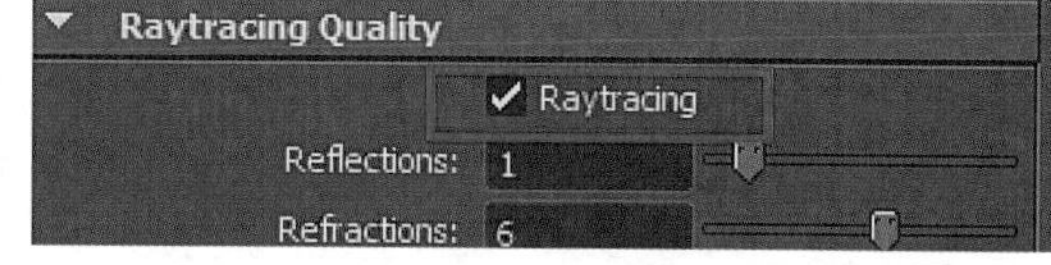

图 2-33

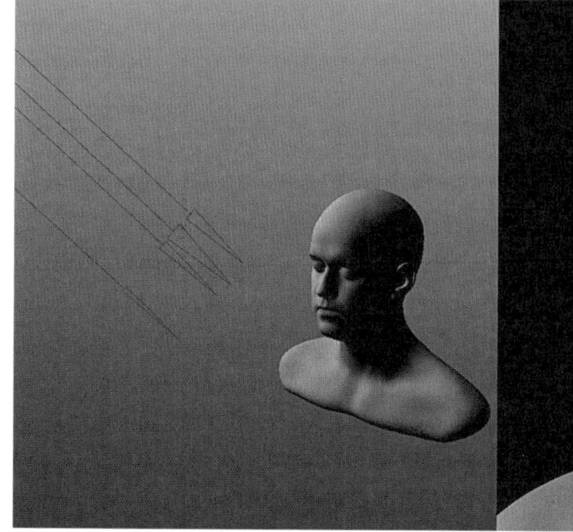

图 2-34-1

图 2-34-2

图2-35

第二步，打辅助光。我们用面积光(图2-35)，它的照明特性是具有衰减范围，照亮区域与面积光的面积大小有关，图2-36-1就是面积光的位置面积大小参数。面积光的Color(颜色)为白色，Intensity(强度)为0.008(图2-36-2)。

辅助光的渲染效果，作用是表现暗部层次，控制画面反差。辅助光应该是柔性光，辅助光的强度要根据画面形体表现的需要等因素来决定。(图2-37)

第三步，光源的轮廓光。这里用的是平行光，位置参数如图2-38-1，辅助光的Intensity(强度)为0.5(图2-38-2)。

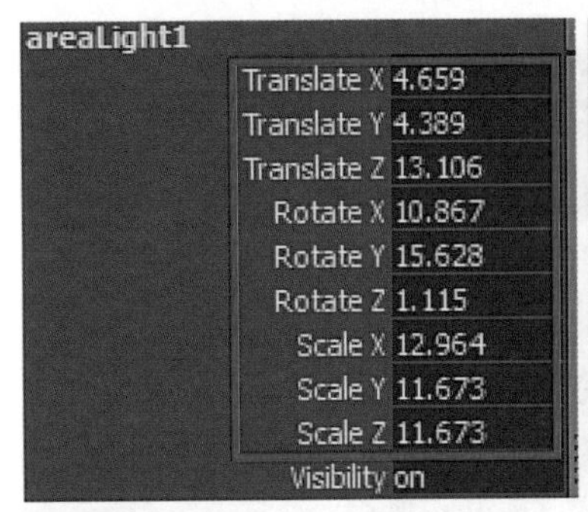

图2-36-1

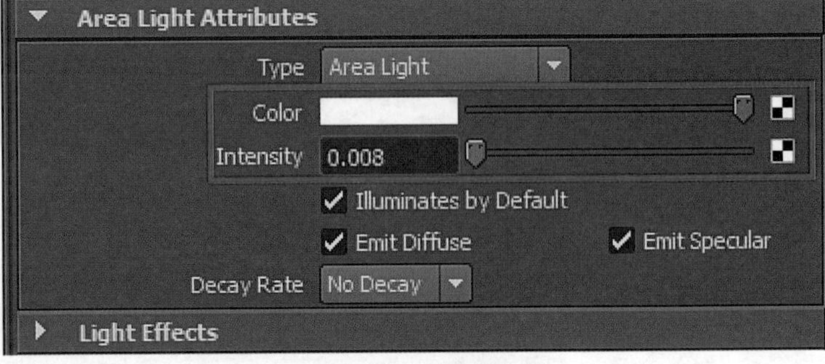

图2-36-2

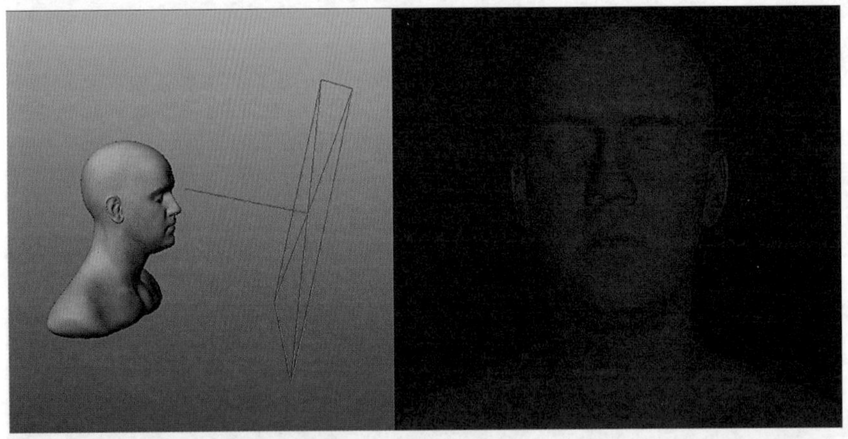

图2-37

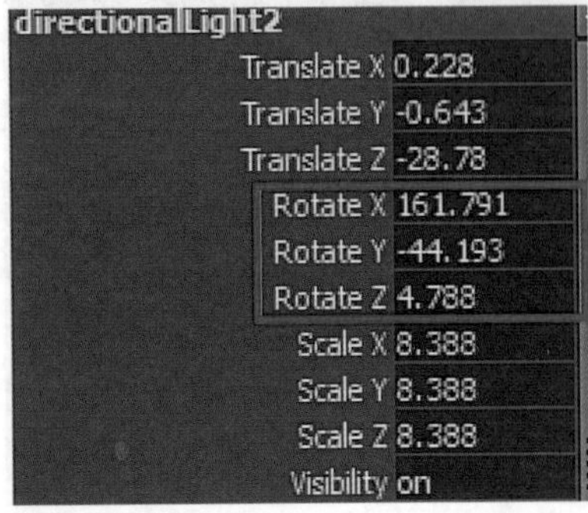

图2-38-1

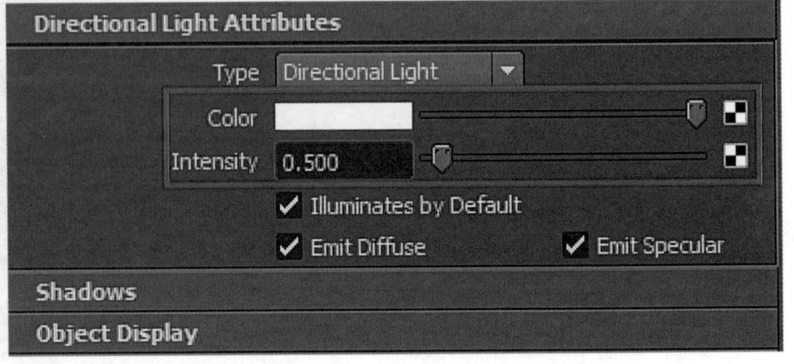

图2-38-2

轮廓光是对着摄像机方向照射的光线，有逆光效果。轮廓光有勾画被摄对象轮廓的作用。在主体和背景影调重叠的情况下，比如主体暗，背景亦暗，轮廓光有分离主体和背景的作用。它能使画面影调层次富于变化，增加画面形式美感，图 2-39-1 为表面灯光的照射方向，图 2-39-2 为轮廓光渲染效果。

主光 + 辅助光 + 轮廓光，能让画面看起来比较完整、丰富、有细节且立体感强。图 2-40-1 为表面灯光的照射方向，图 2-40-2 效果图的光给人一种很优美的感觉，突出了面孔上的微妙之处，即脸部的两侧是各不相同的。

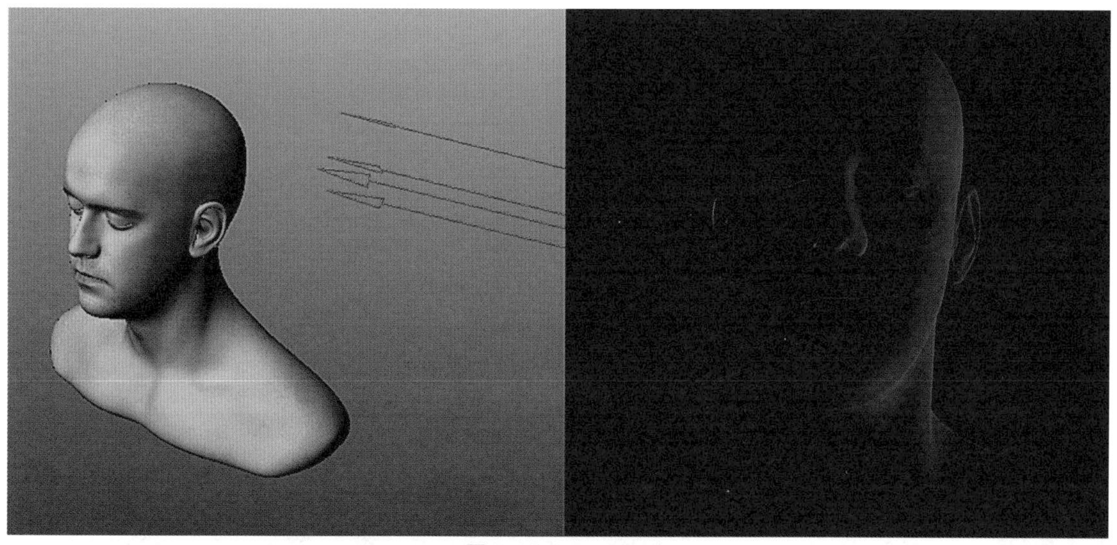

图 2-39-1　图 2-39-2

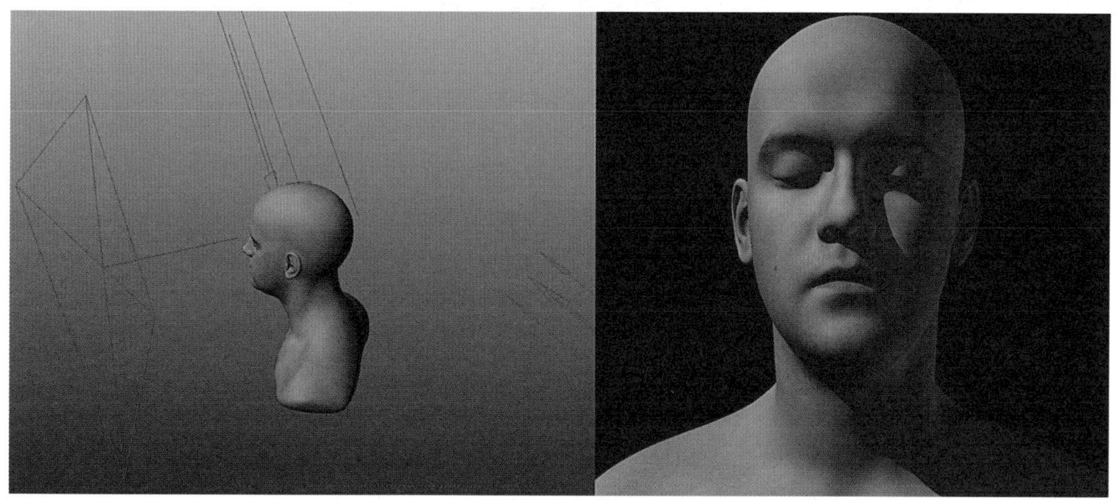

图 2-40-1　图 2-40-2

二、第二种类型

第一步，打主光，这里还是用的平行光，灯光的位置参数，如图 2–41。

主光的灯光空间位置和照射效果如图 2–42。

接着是辅助光，辅助光这里用的是面积光，参数如图 2–43。

辅助光的空间位置和照射效果如图 2–44。

然后是两个平行光作为轮廓光，图 2–45 是左边灯光的调节参数，图 2–46 是右边灯光的调节参数。

轮廓光的空间位置和灯光的效果如图 2–47。

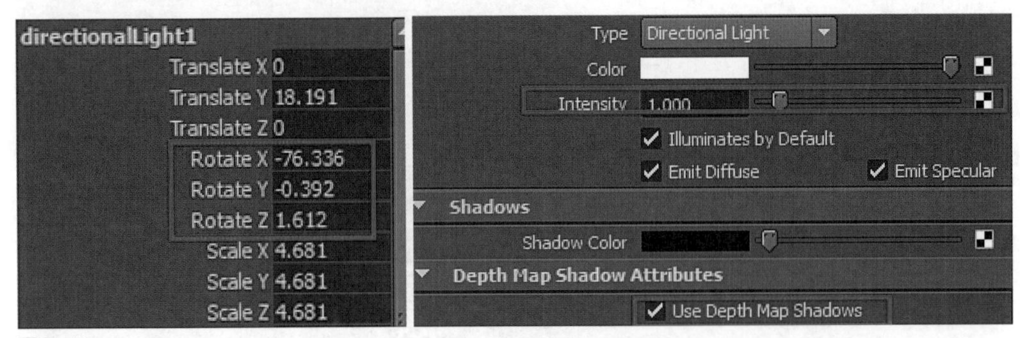

图 2–41

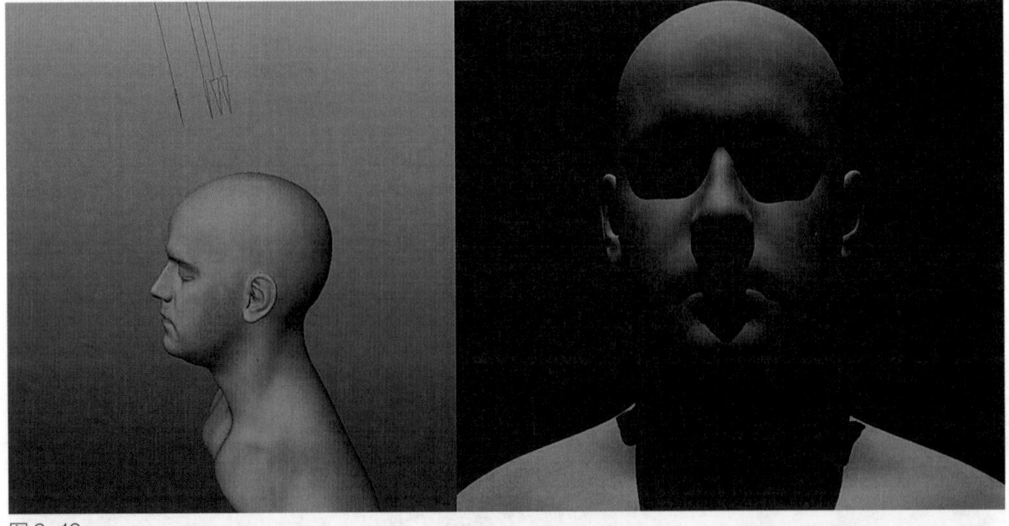

图 2–42

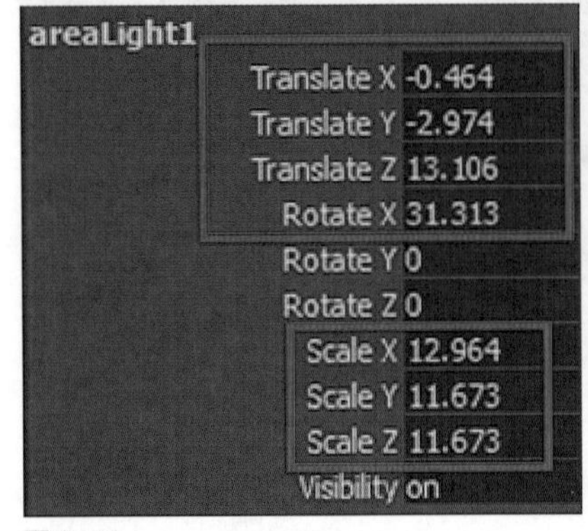

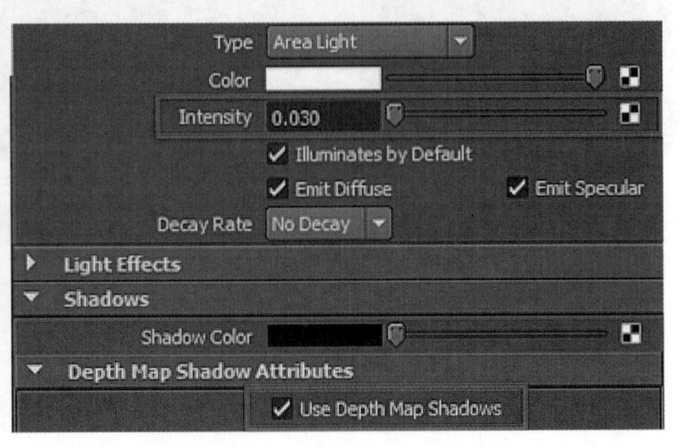

图 2–43

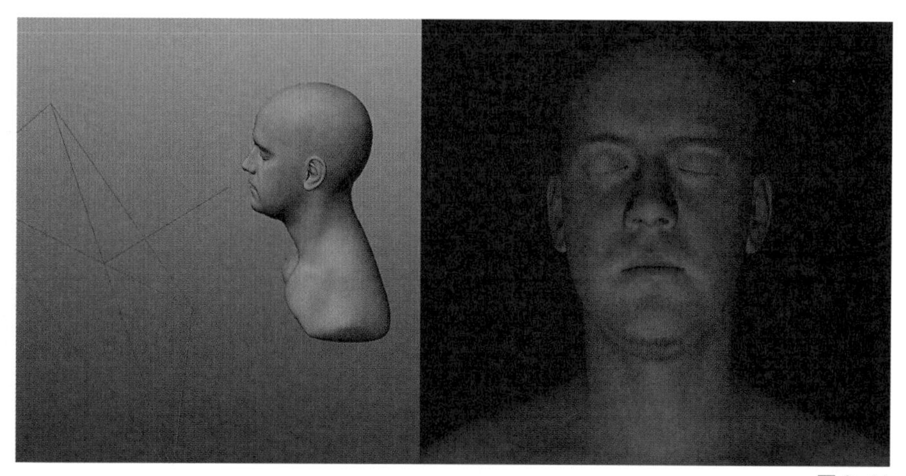

图 2-44

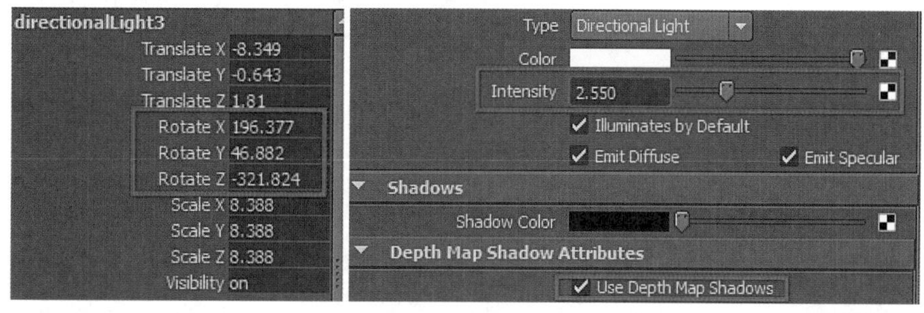

图 2-45

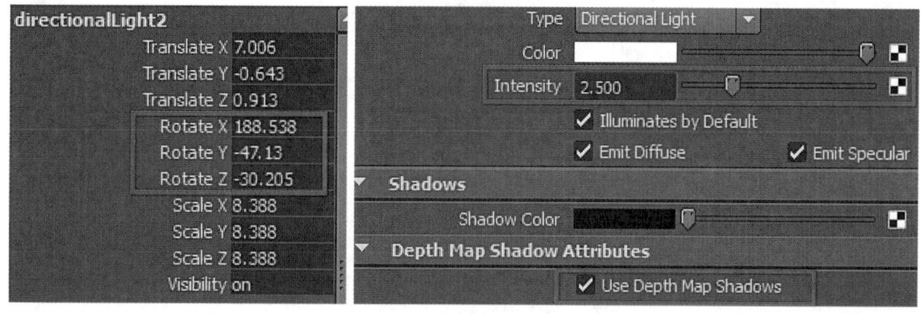

图 2-46

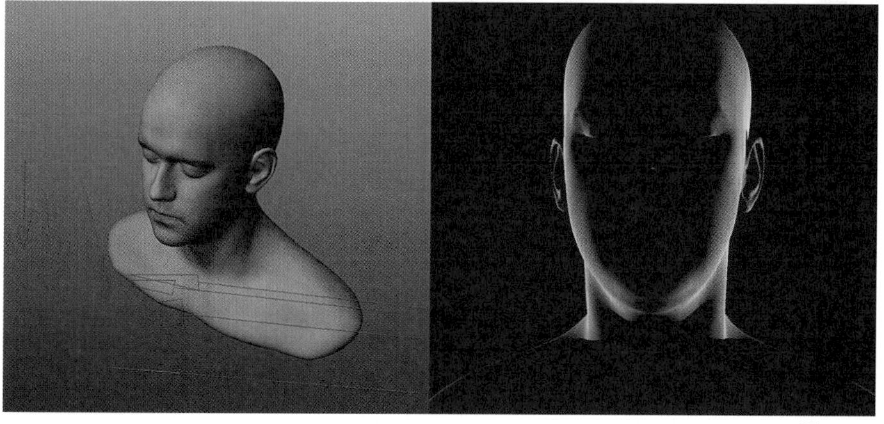

图 2-47

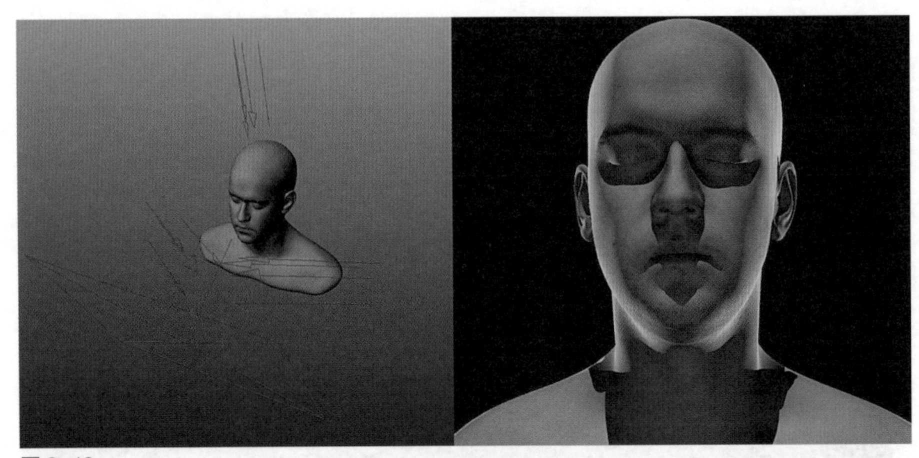
图 2-48

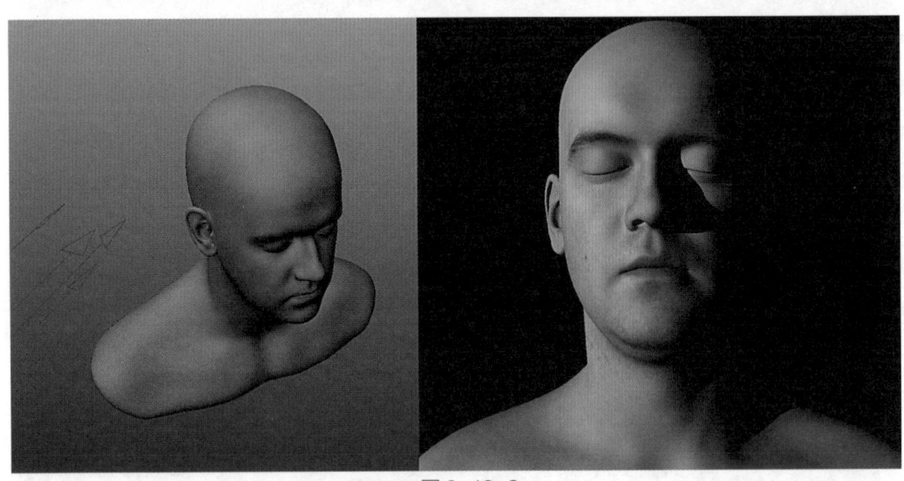
图 2-49-1　　图 2-49-2

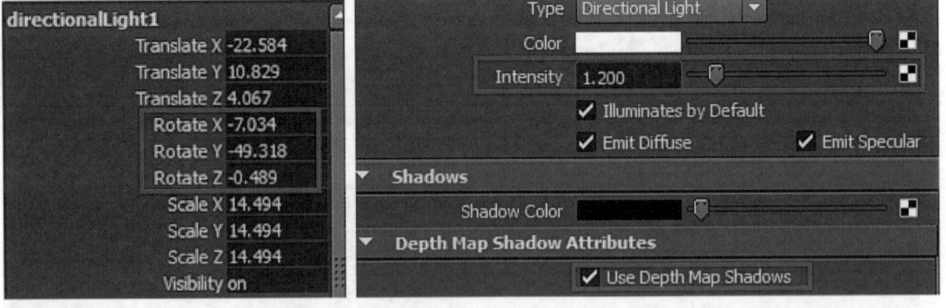

图 2-50

最终，主光 + 辅助光 + 轮廓光的综合效果如图 2-48，这个打光的方式给人一种罪恶感，展现出人性扭曲，一般用在反派人物的身上。

三、第三种类型

先打主光，从角色头部的左侧面照射过来，在右侧的脸上产生明显的阴影轮廓，如图 2-49-2，灯光的空间位置如图 2-49-1，灯光的细节参数如图 2-50。

然后是辅助光，辅助光用的是面积光，主要照射的是右侧面的脸，让阴影不是那么的黑，

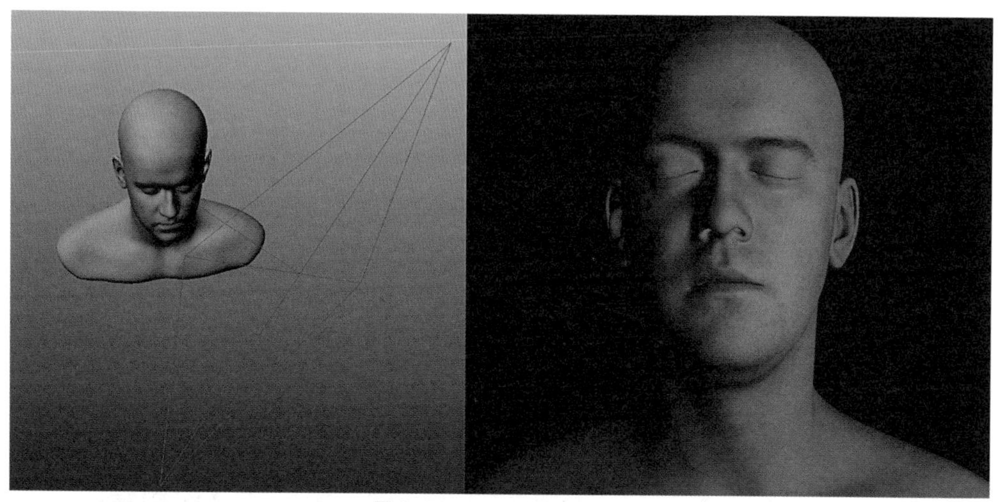

图 2-51-1　　图 2-51-2

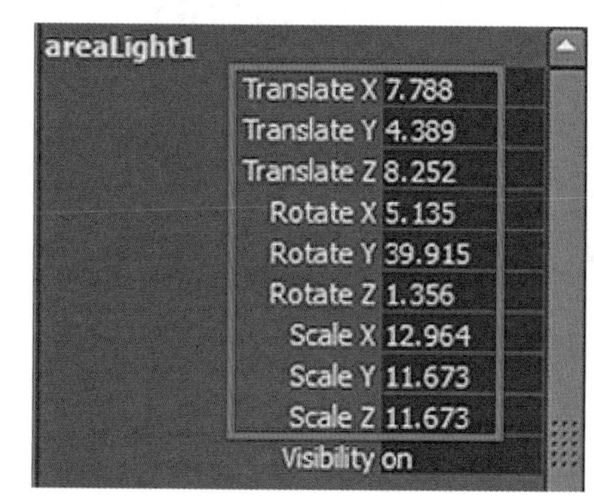

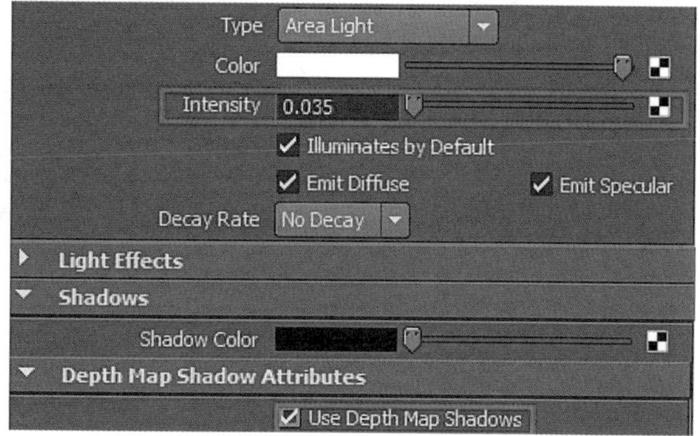

图 2-52

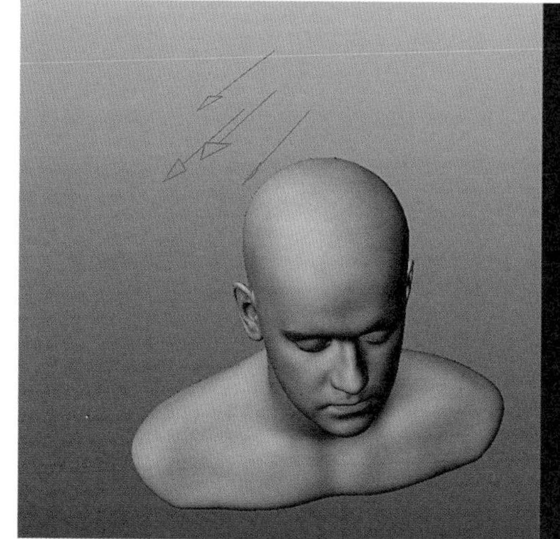

图 2-53-1　　图 2-53-2

照射效果如图 2-51-2，灯光的空间位置如图 2-51-1，辅助光的细节参数如图 2-52。

辅助光打好后，最后就是打轮廓光，这里用的是平行光，从后面，逆着主光的方向，照射到前面，让后脑勺有一个亮的轮廓，如图 2-53-2 所示。轮廓光的空间位置如图 2-53-1，

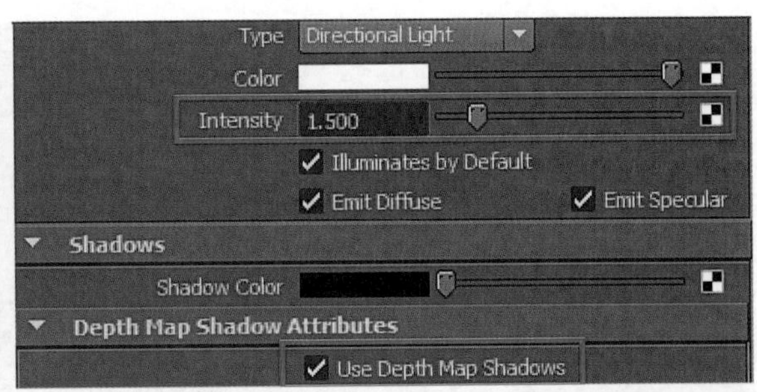

图 2-54

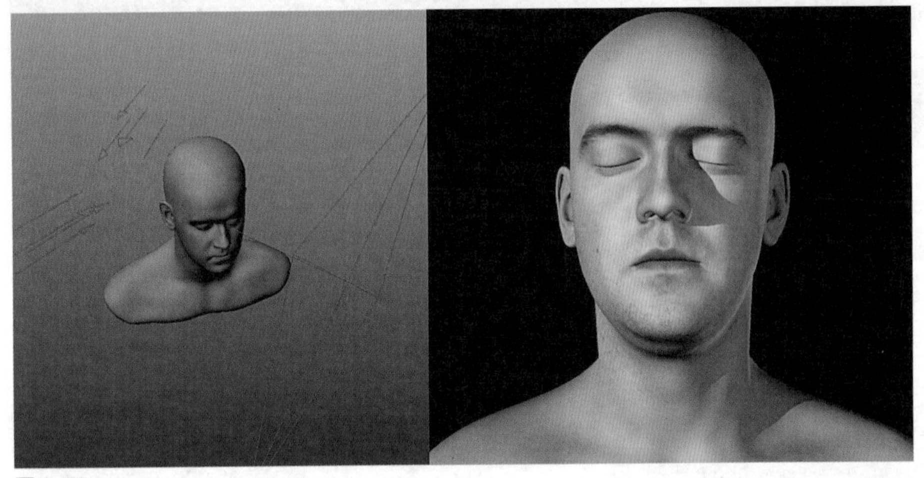

图 2-55

它们的参数调节如图 2-54。

最后，主光 + 辅助光 + 轮廓光综合效果如图 2-55 所示。

四、第四种类型

接着讲一个恐怖光，这个光一般很少用到，主光从下往上照，让下巴、鼻底和眉弓底有比较明显的亮光。这里用的平行光，如图 2-56 所示，图 2-57 是它们的细节参数。

然后打辅助光，这里用到的是面积光，让脸部阴影的地方亮一点，不过亮度不能超过主光，如图 2-58-2 所示，图 2-58-1 是辅助光的空间位置，图 2-59 是辅助光的调节参数。

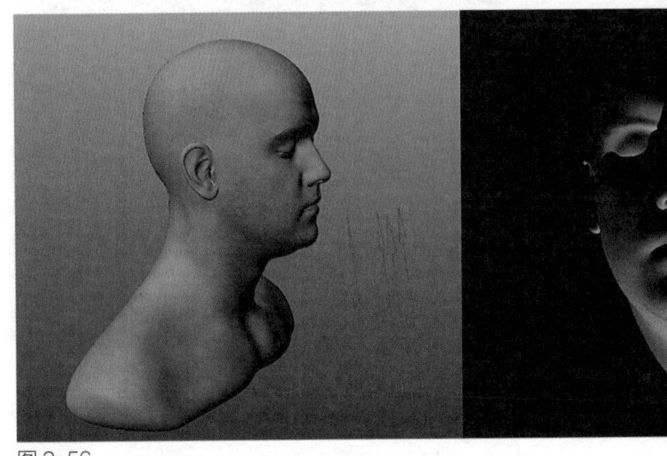
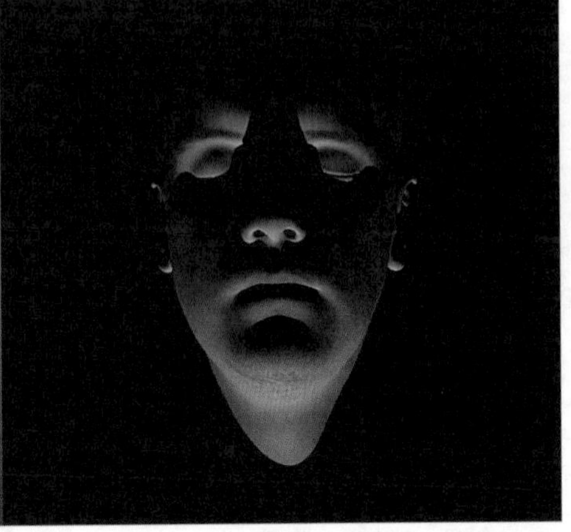

图 2-56

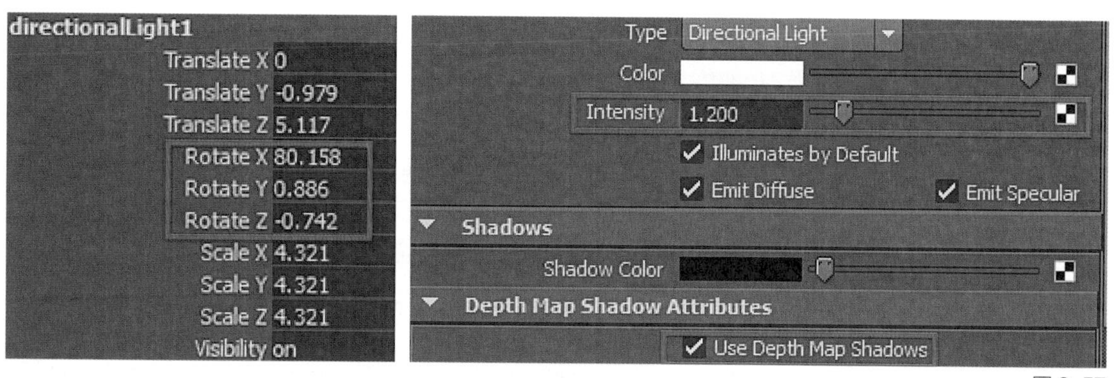

图 2-57

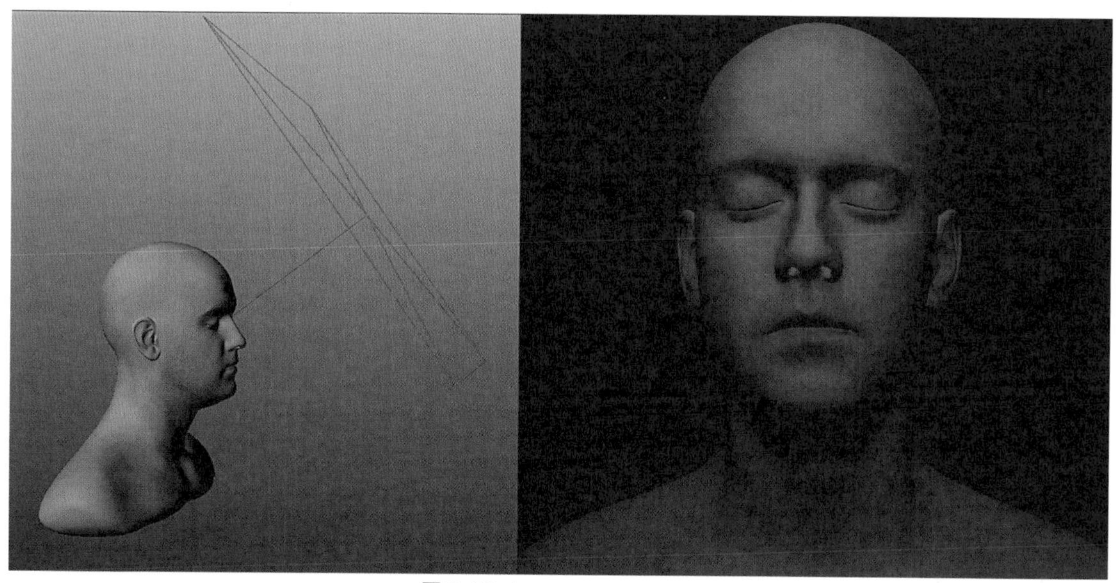

图 2-58-1　　图 2-58-2

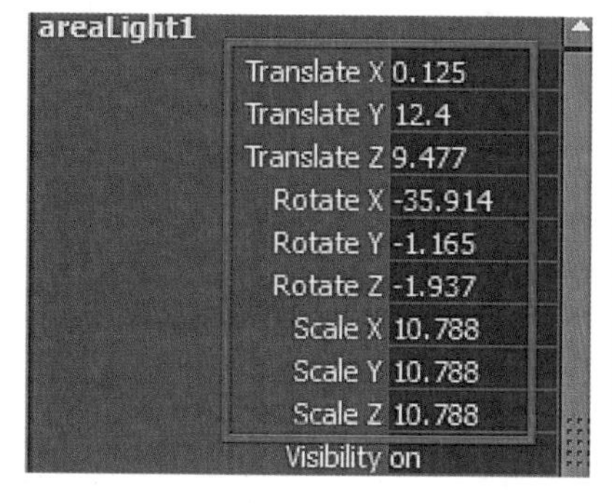

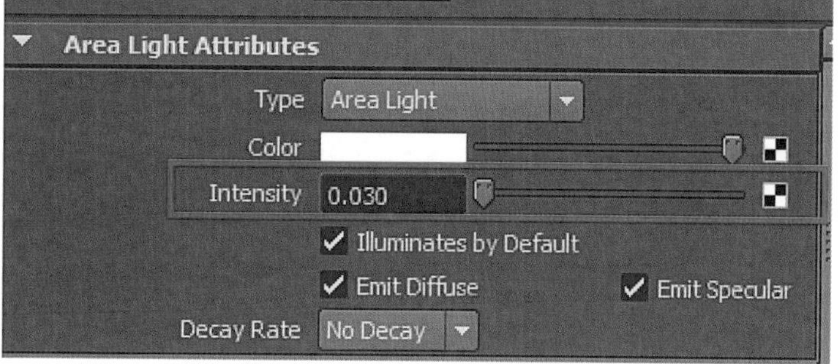

图 2-59

接下来是打轮廓光，这里用到的是两个平行光，分别照射着头部的两侧，如图 2-60。图 2-61 是轮廓光的调节参数，两平行光只是位置不一样，参数都是一样的。

图 2-62-2 是主光 + 辅助光 + 轮廓光的综合效果图，图 2-62-1 为灯光的空间位置。

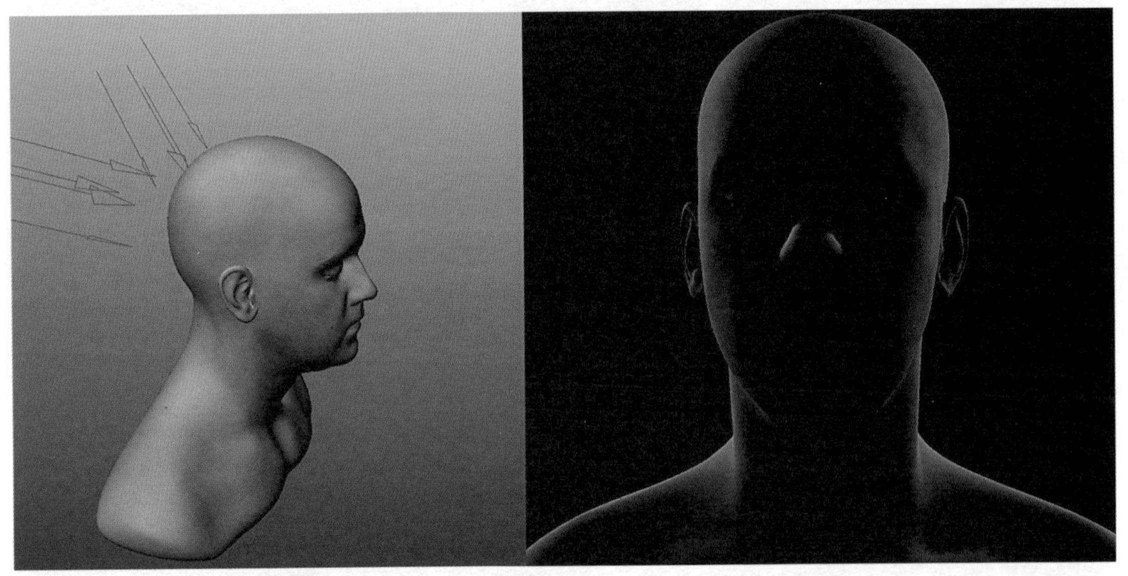

图 2-60

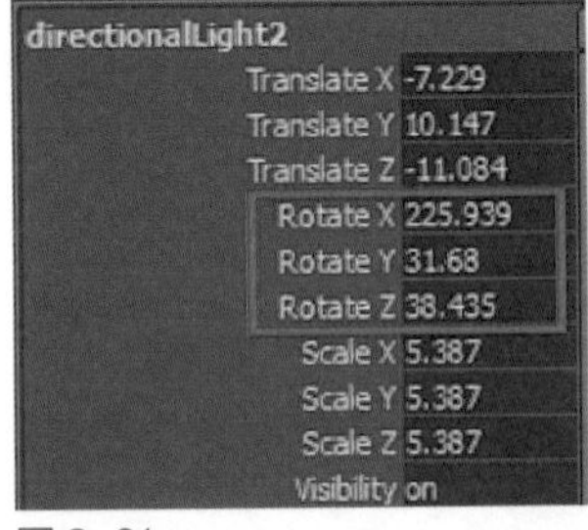

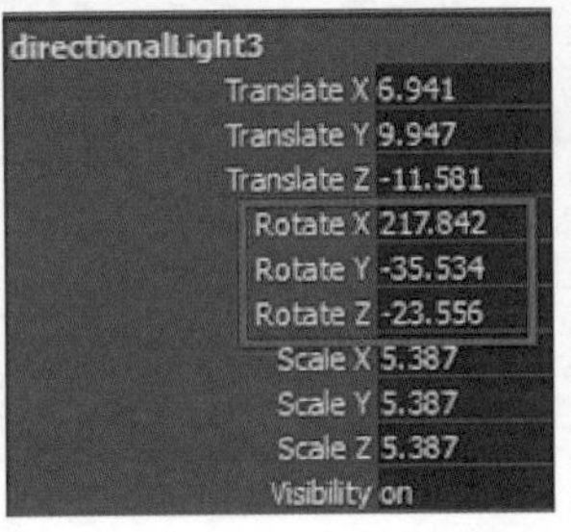

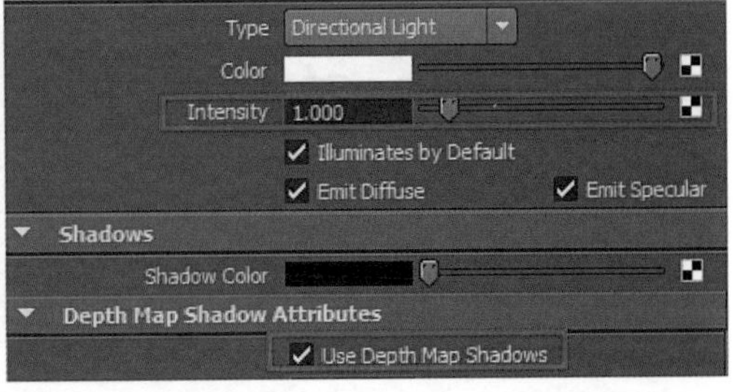

图 2-61

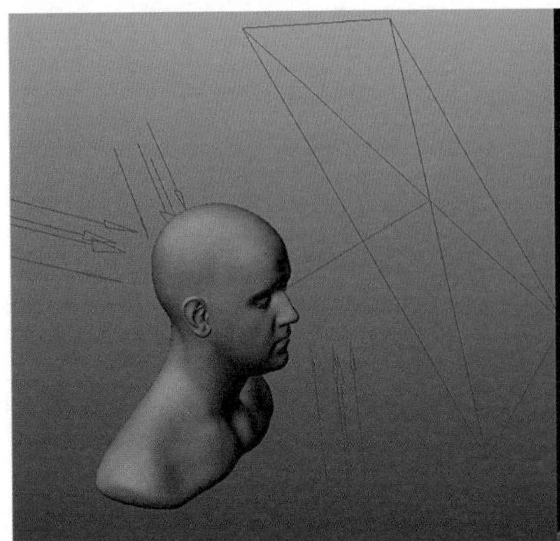

图 2-62-1

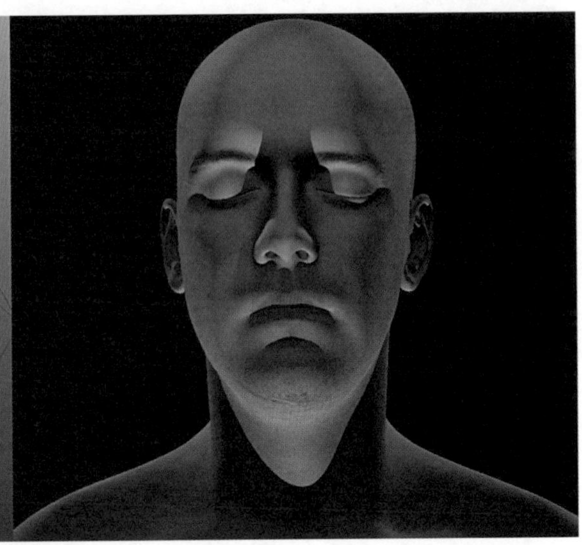

图 2-62-2

五、第五种类型

先打主光，用的是面积光，从角色头部的正面照射过来，脸上的正面没有什么阴影，如图 2-63-2，灯光的空间位置如图 2-63-1，灯光的细节参数如图 2-64。

然后打辅助光，这里用到的是平行光，让右边脸部亮一点，不过不能超过主光，如图 2-65-2 所示，图 2-65-1 是辅助光的空间位置，

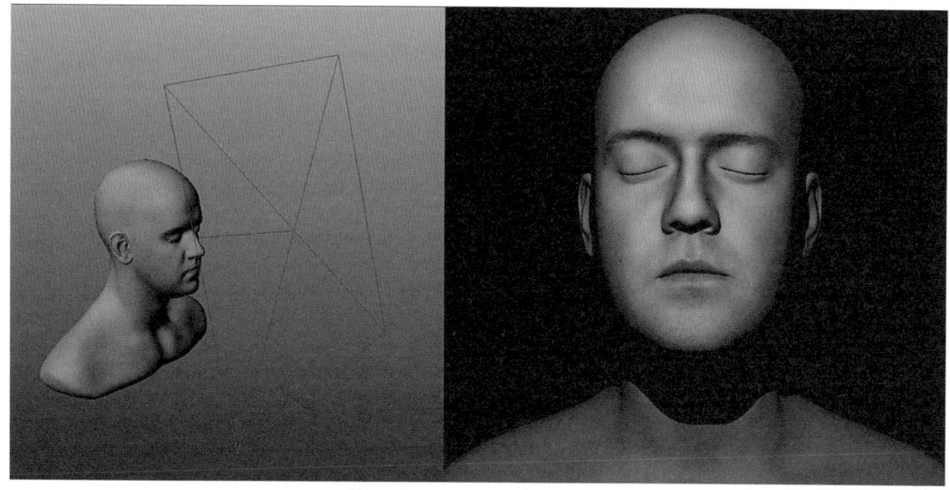

图 2-63-1　　图 2-63-2

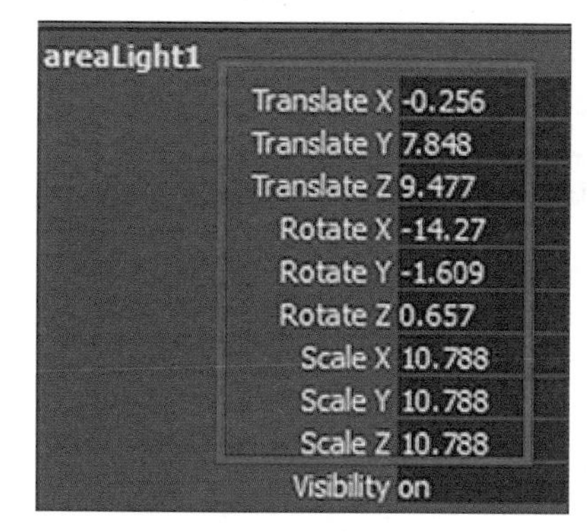

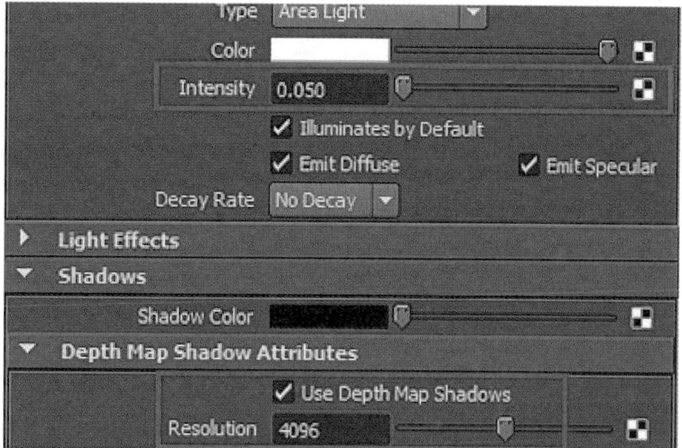

图 2-64

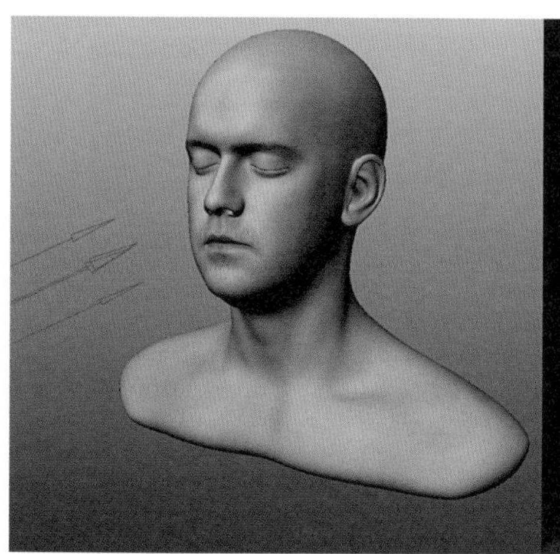

图 2-65-1　　图 2-65-2

图 2-66 是辅助光的调节参数。

然后是打轮廓光，这里用到的是平行光，照射着图片中头部的右侧，如图 2-67。图 2-68 是轮廓光的调节参数。

最后，主光 + 辅助光 + 轮廓光的综合效果如图 2-69 所示。

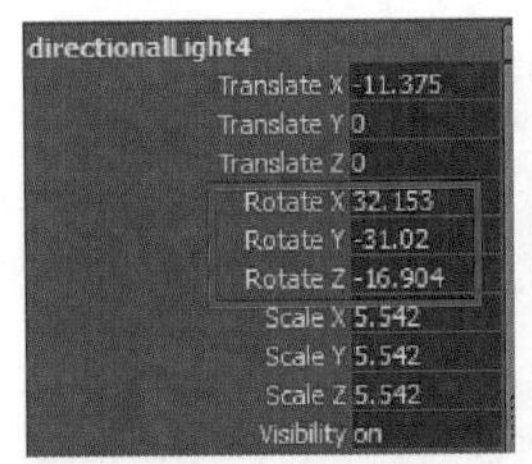

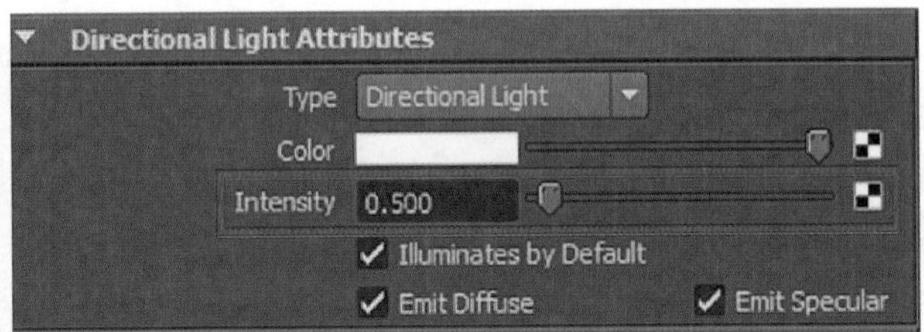

图 2-66

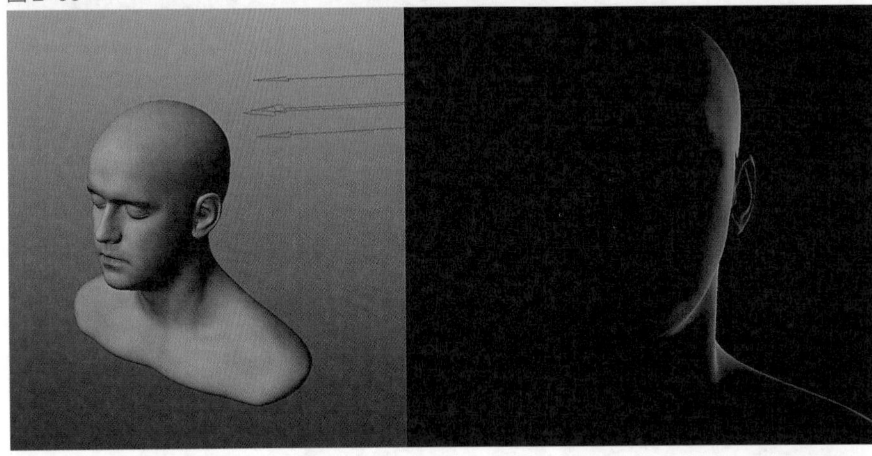

图 2-67

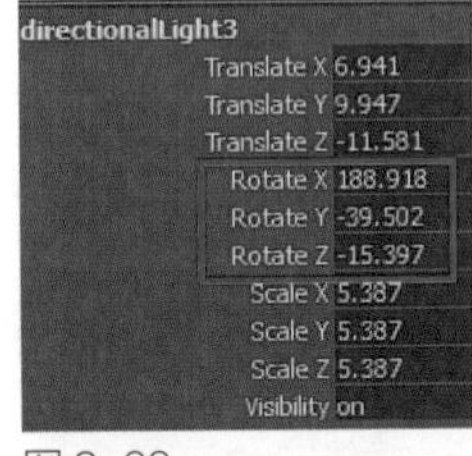

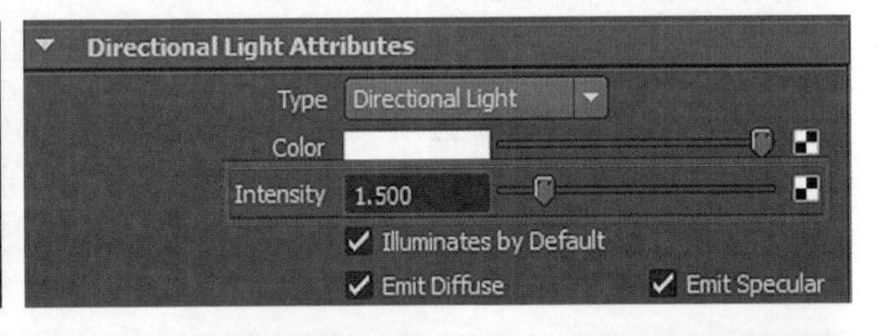

图 2-68

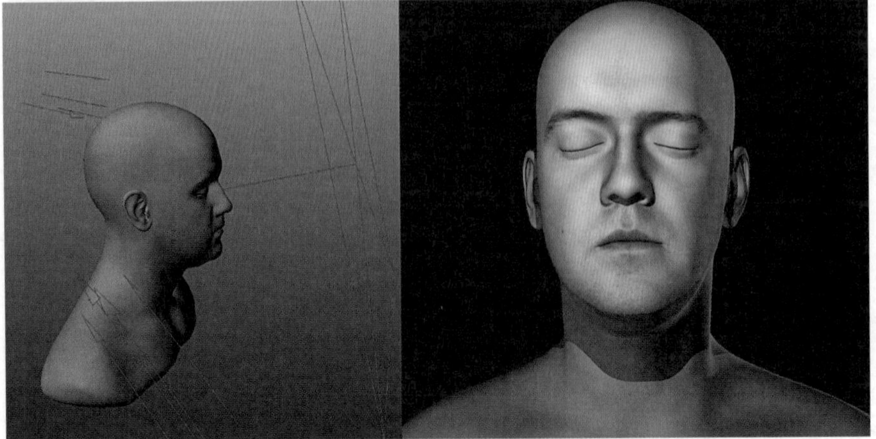

图 2-69

第三章 写实木地板渲染

本章导读

通过本章的学习，读者可以制作出逼真的写实木地板渲染效果，了解简单的凹凸贴图的用法和简单的灯光渲染设置。

精彩看点

高动态范围图像照明（HDR）的简单使用方法。

第一节 准备工作

本章将介绍如何把高分辨率的颜色贴图、高光贴图和凹凸贴图连接到一个 Ai Standard 的材质上，然后使用一个 Arnold（环境光）创建逼真的镜面反射的木地板。

准备：高分辨率地板的高光贴图、颜色贴图、凹凸贴图，本案例这三张贴图都是 6000 × 6000 的分辨率（图 3-1），用来模拟环境照明的 HDR 贴图，一个多边形 Plane 和摄像机 Camera。

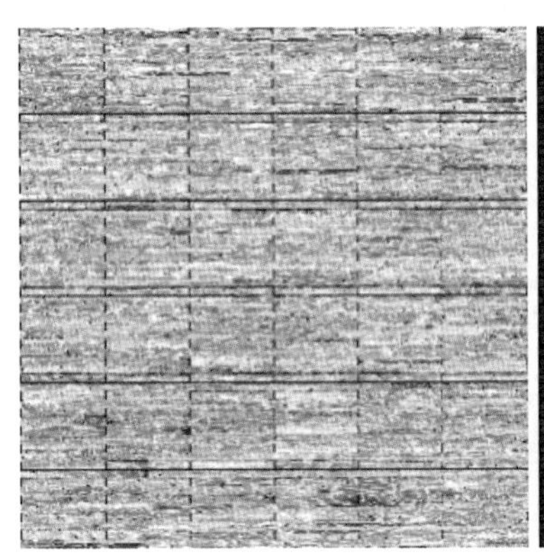

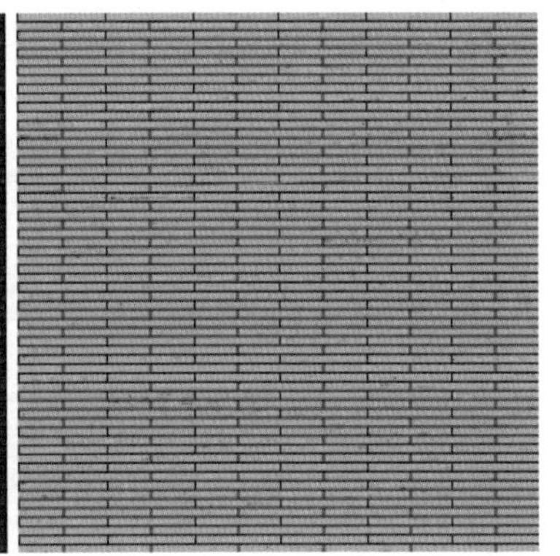

图 3-1

第二节 aiStandard 材质基础讲解

打开材质编辑器，创建 aiStandard 材质球，然后将之赋予多边形平面 Plane，如图 3-2。

选择多边形平面 Plane，弹出属性编辑器，选择属性编辑器 aiStandard 这一标签，在 Diffuse 选项下的 Color（颜色）上贴上地板的颜色贴图（点击 Color 后面的棋盘格图标，然后在弹出的属性编辑器中点击 File，最后在弹出的属性编辑器中 File Attributes 后点击 Image Name 后面的文件夹图标，找到地板的颜色贴图），如图 3-3。

在 file 标签下点击输出节点，返回 aiStandard（也可以直接选择多边形平面 Plane 回到 aiStandard），如图 3-4。

高光 Specular 下，分别在 Color 和 Weight 贴上地板的高光贴图，如图 3-5。

在凹凸贴图 Bump Mapping 贴上地板的凹凸贴图，如图 3-6。

图 3-2

图 3-3

图 3-4

图 3-5

图 3-6

点击Bump Mapping后面的棋盘格图标，在弹出的窗口中可以看到2d Bump Attributes属性的Bump Value值变成黄色，表示它被这张图片控制，如图3-7。

创建环境光SkyDomeLight Attributes，然后在颜色层Color贴上天空的贴图（适当调整Plane和环境光的大小和位置），如图3-8。

测试渲染用Arnold Renderer渲染器，在Common标签下，渲染相机Renderable Camera设置为camera1，图像尺寸Image Size预设Presets为Full_1024，调整摄像机camera1的位置，如图3-9。

在Arnold Renderer标签下，Sampling（采样）中，把Camera（AA）设为3，Diffuse（漫反射）设为1，Glossy（光滑度）设为2，Refraction（折射）设为1，SSS设为1，Volume Indirect设为0，如图3-10。

测试渲染如图3-11。

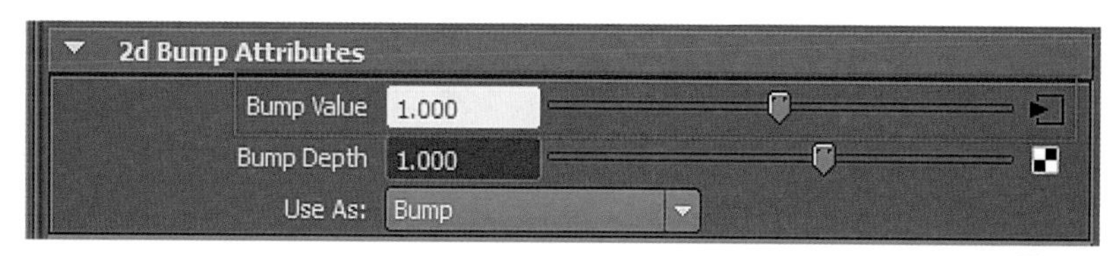

图3-7

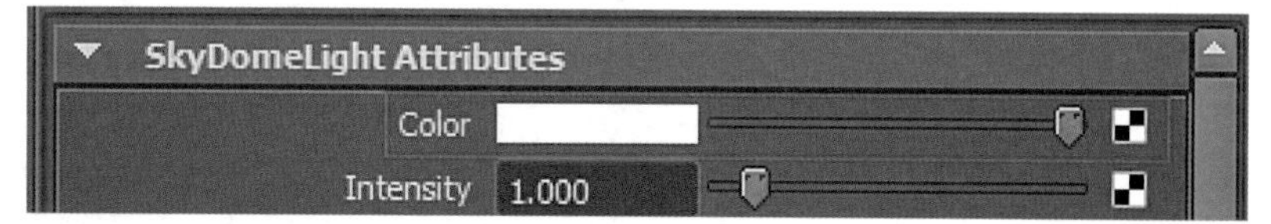

图3-8

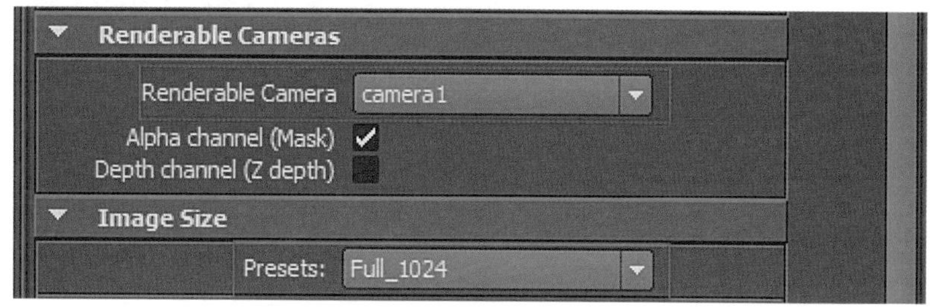

图3-9

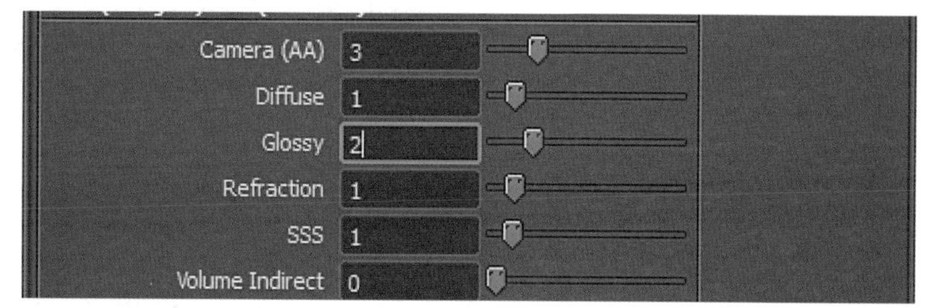

图3-10

图3-11

选择 Plane（多边形平面），在弹出的属性编辑器中，选择 ai Standard 标签，在 Diffuse（漫射）下把粗糙度 Roughness 设为 0.7，如图 3-12。

在 Specular（高光）下，把 Roughness 设为 0.4，勾选 Fresnel，如图 3-13。

测试渲染如图 3-14。

在属性编辑器中，点击 Bump Mapping 后的输出节点，如图 3-15。

然后在弹出的属性编辑器中，点击 file9 后的输出节点，如图 3-16。

最后在弹出的属性编辑器中，2d Bump Attributes 下，把 Bump Depth（凹凸深度）设为 0.2，如图 3-17。

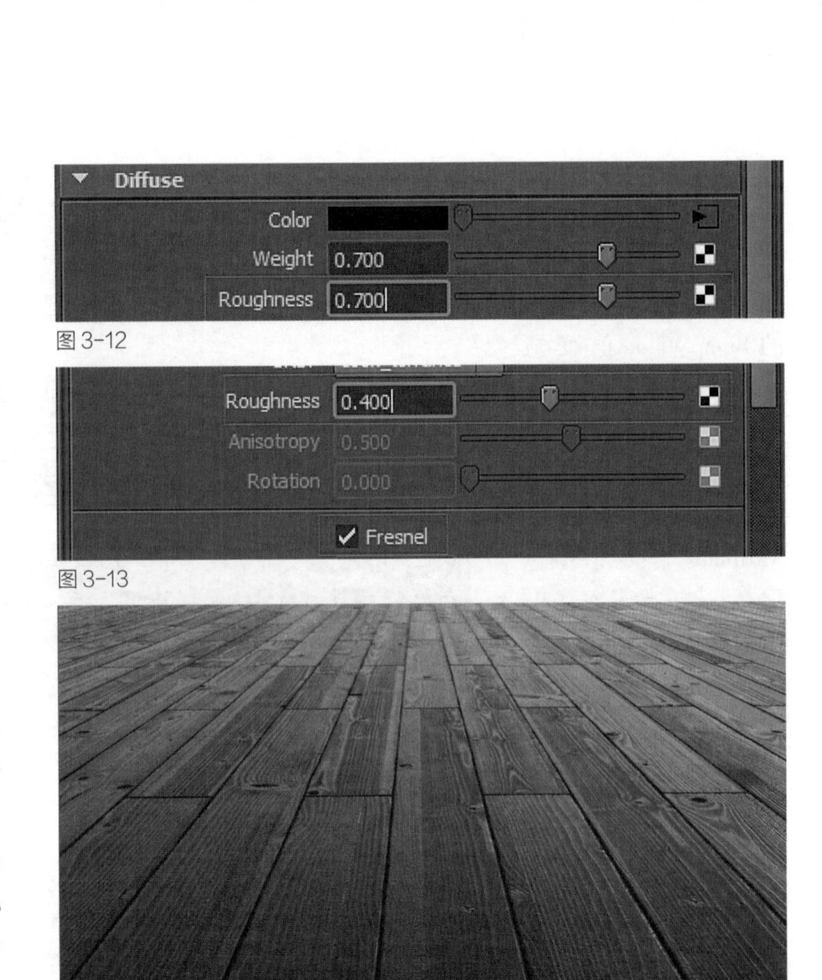

图 3-12

图 3-13

图 3-14

图 3-15

图 3-16

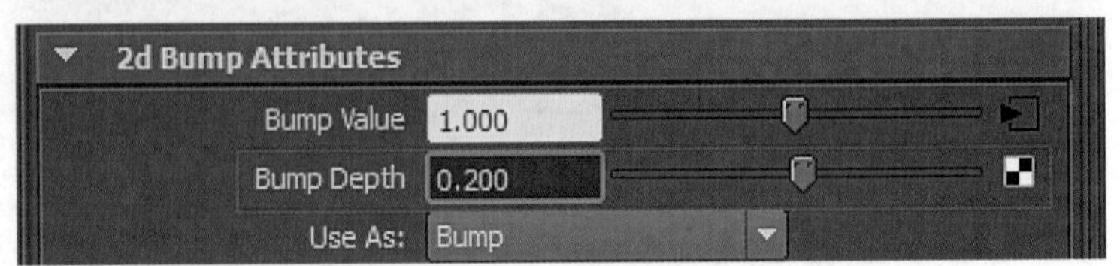

图 3-17

图 3-18

图 3-19

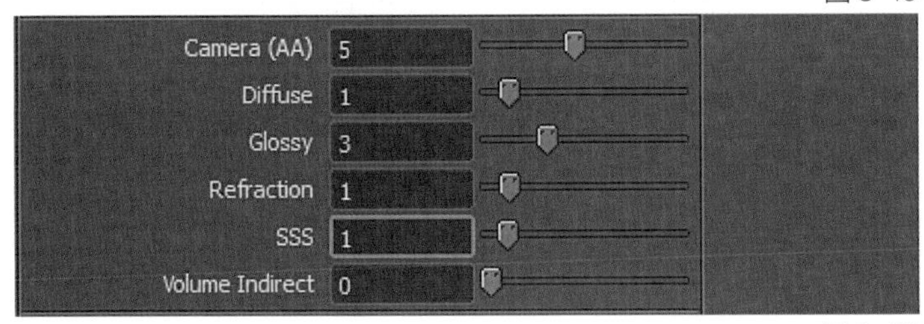

图 3-20

图 3-21

选择 SkyDomeLight（环境光），在属性编辑器中环境光属性 SkyDomeLight Attributes 下，把 Exposure（曝光）设为 1.5，Samples（采样）设为 5，如图 3-18。

测试渲染如图 3-19。

选择摄像机属性编辑器，在 Arnold Renderer 标签下，Sampling（采样）中，把 Camera（AA）设为 5，Diffuse（漫反射）设为 1，Glossy（光滑度）设为 3，Refraction（折射）设为 1，SSS 设为 1，Volume Indirect 设为 0，开始渲染。如图 3-20。

最终渲染效果如图 3-21。

第四章 海水波纹渲染

本章导读

通过本章的学习，读者将学会使用矢量贴图配合 Arnold 环境照明制作逼真的海水波纹。

精彩看点

矢量贴图模拟海水凹凸起伏的波纹。

第一节 矢量贴图的介绍

本章介绍了如何使用多边形平面和 HDR 贴图连接置换到一个 Arnold（环境光）来渲染一个海洋场景。海洋的详细材质将来自一张矢量贴图，设置矢量贴图的参数有很多。但是，这些设置都非常简单，使用正确的设置可以得到十分逼真的效果。

本节使用的矢量贴图是一个 32 位 EXR 格式的图片。这意味着它能够保持最高品质，渲染后得到一个更逼真的波纹效果。 我们使用一个矢量置换来取代海浪的凹凸起伏效果。 这将取代大海几何方向不同于正常与传统位移的贴图，这种贴图法线只在一个方向上，而矢量置换比传统置换的效果更加精细，更能逼真地模拟海浪的形态，如图 4-1。不同的颜色代表波浪不同的方向，有多少种颜色就有多少个方向，

图 4-1

色调较深的代表凹陷下去的海浪，如黑色、蓝色；色调较浅的代表凸出来的海浪，如绿色、黄色。（图 4–1）

准备：天空的 HDR 贴图，海水的矢量贴图，创建一个 Plane（多边形平面）和 Camera（摄像机）。

第二节 aiStandard 模拟海水材质

打开材质编辑器，创建 aiStandard 材质球，然后将之赋予多边形平面。（图 4–2）

选择 Plane，弹出属性编辑器，在属性编辑器的 aiStandard 这一标签下点击输出节点图标。（图 4–3）

然后在置换图层通道 Displacement mat 贴上海水的矢量图片。（图 4–4）

在 Vector Displacement 后面的棋盘格图标上也贴上这张海水的矢量图片。（图 4–5、图 4–6）

图 4–2

图 4–3

图 4–4

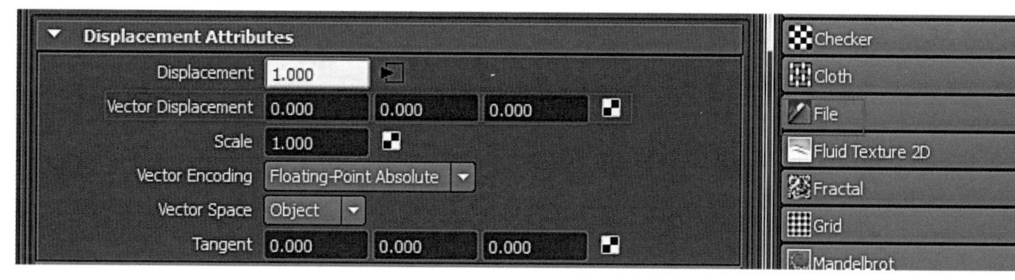

图 4–5

进入 Hyper shade 编辑器，选择 Displacement Shader，在 Displacement 上点击鼠标右键打断链接 Break Connection。（图 4–7、图 4–8）

并把 Vector Space（矢量空间）设置为 World（世界）。（图 4–9）

创建 SkyDomeLight（环境光），然后在颜色层 Color 贴上天空的 HDR 图，（适当调整 Plane 和环境光的大小和位置）。（图 4–10）

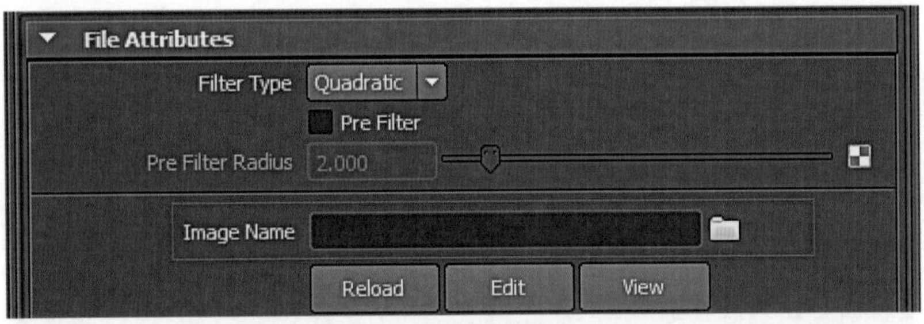

图 4–6

图 4–7

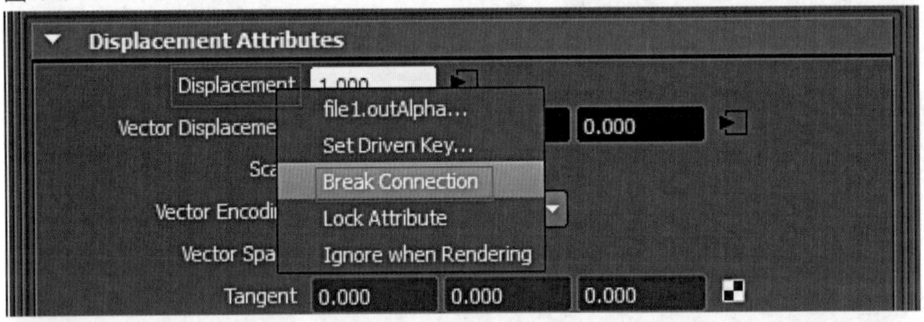

图 4–8

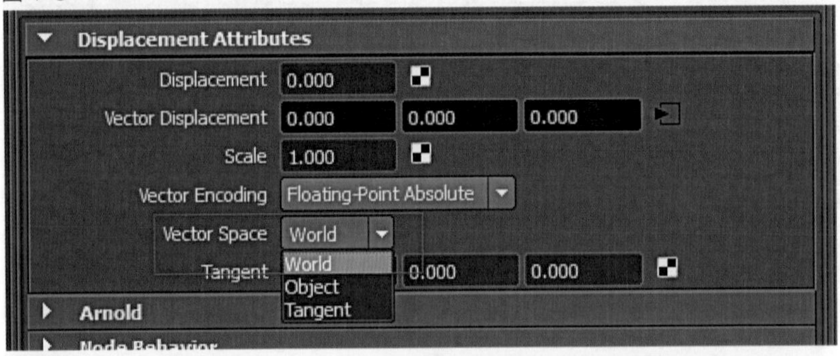

图 4–9

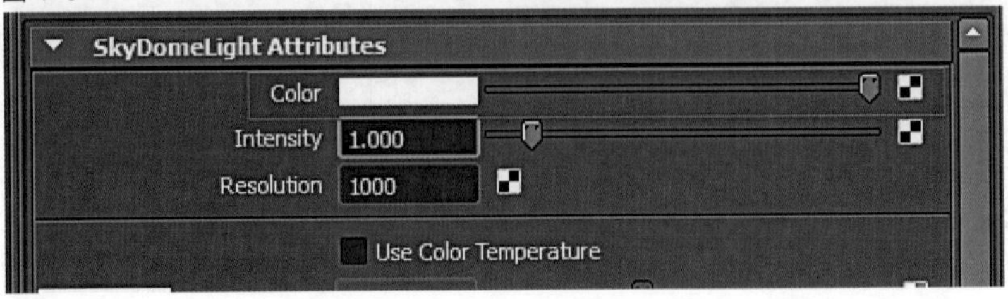

图 4–10

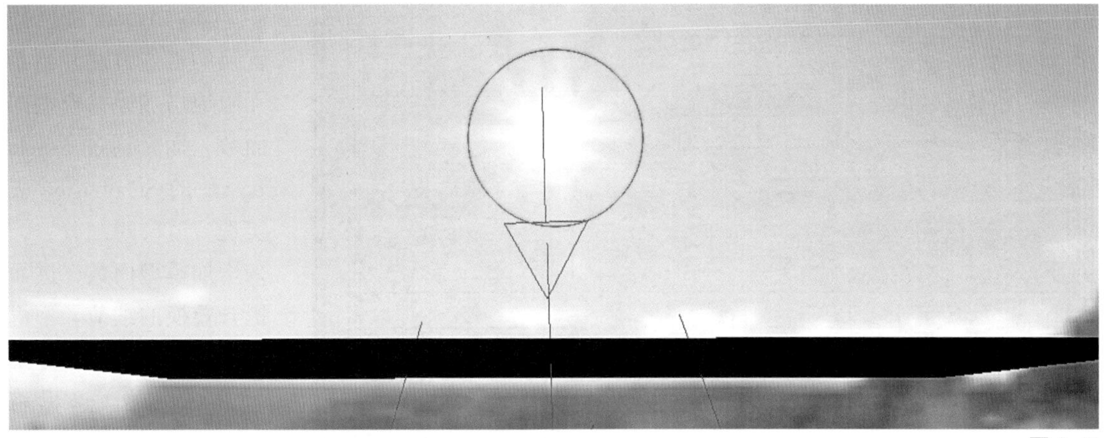

图 4-11

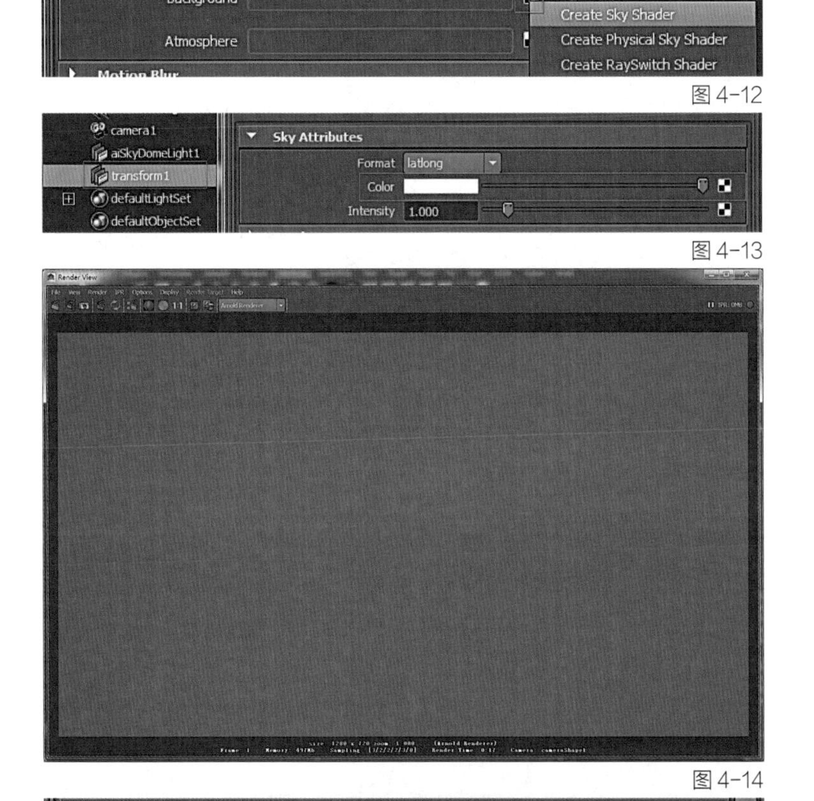

图 4-12

图 4-13

图 4-14

图 4-15

创建一个平行光作为光源，光的方向与贴图太阳光的方向一致。（图 4-11）

在渲染设置 Environment（环境）下，Background 属性下选择 Create Sky Shader。（图 4-12）

然后再在大纲 Outliner 选择 transform1，把它稍微放大，会弹出属性编辑器，在 Color 上贴上天空的 HDR 贴图。（图 4-13）

调整摄像机的位置，这时的渲染图为图 4-14 。

选择多边形平面 Plane1，打开属性编辑器，在 Arnold 下把 Subdivision Type（细分类型）调整为 Catdark，Iterations（重复次数）调整为 6，取消勾选 Opaque（不透明）。修改置换属性 Displacement Attributes，Height 设为 0.1，边界扩展 Bounds Padding 设为 1。（图 4-15、图 4-16）

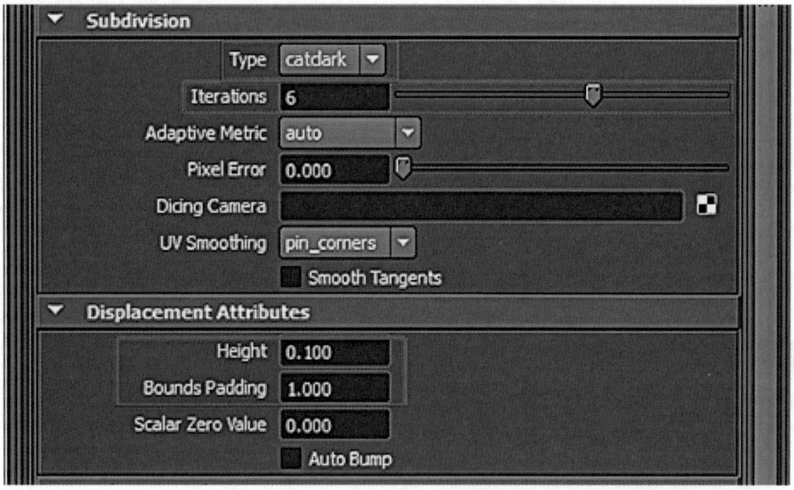

Subdivision
Type catdark
Iterations 6
Adaptive Metric auto
Pixel Error 0.000
Dicing Camera
UV Smoothing pin_corners
Smooth Tangents
Displacement Attributes
Height 0.100
Bounds Padding 1.000
Scalar Zero Value 0.000
Auto Bump

图 4-16

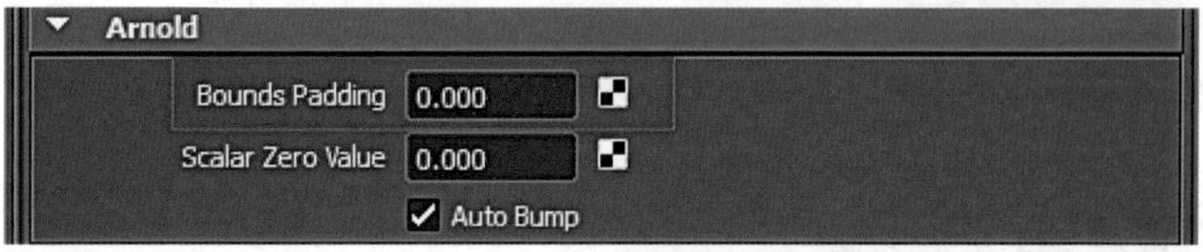

Arnold
Bounds Padding 0.000
Scalar Zero Value 0.000
Auto Bump

图 4-17

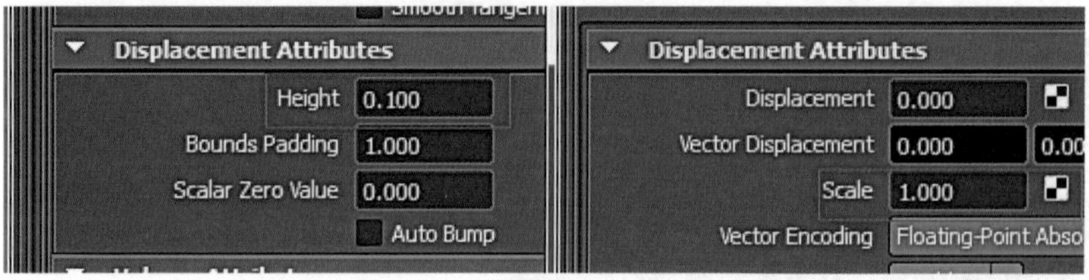

Displacement Attributes
Height 0.100
Bounds Padding 1.000
Scalar Zero Value 0.000
Auto Bump

Displacement Attributes
Displacement 0.000
Vector Displacement 0.000
Scale 1.000
Vector Encoding Floating-Point Abso

图 4-18

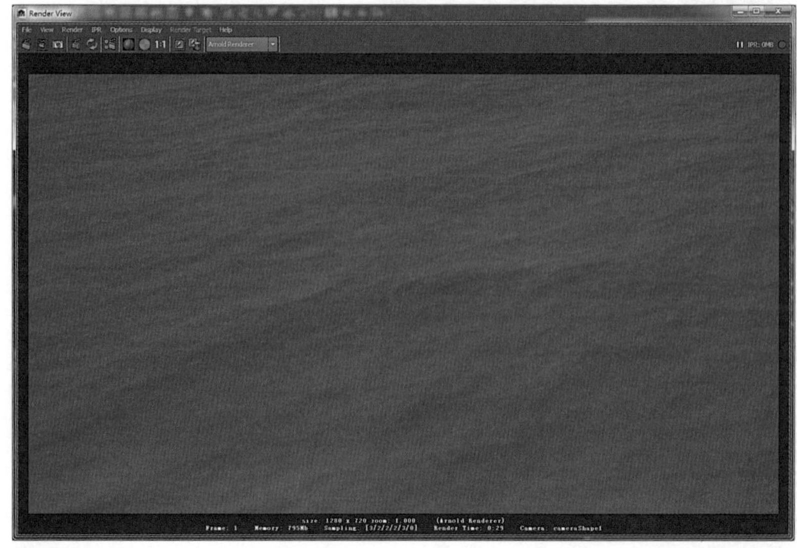

图 4-19

注：Arnold 中使用置换的最好方法并不是无限地增加原始模型的面数，而是通过 Arnold 自己的 Subdivision 去实现“渲染时细分”，来增加模型面数，进而提升置换的细节。不得不说，Arnold 的细分是非常好用的。这里将 Subdivision Iterations 设置为 6，也就相当于在渲染时把模型 Smooth 6 次。

Bounds Padding 参数同样存在于模型的 Displacement Shader 下，作用是一样的。经实测，Arnold 渲染器在渲染时会采用两个 Bounds Padding 中的较大值来决定边界扩展值究竟是多少，如图 4-17。

置换强度在 Arnold 由两个参数相乘确定，一个是 Displacement Shader 下的 Scale，一个是 Shape（模型）节点下 Arnold 选项下的 Height。（图 4-18）

这时的渲染图为图 4-19。

按照以下步骤把 UV 的重复次数设为 5。（图 4-20~ 图 4-24）

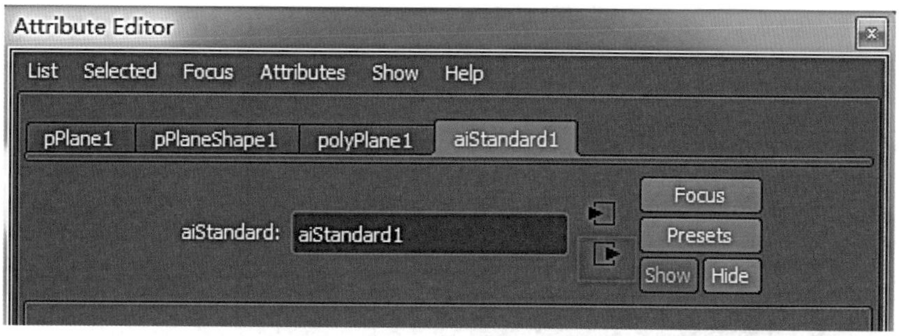

Attribute Editor
List Selected Focus Attributes Show Help
pPlane1 pPlaneShape1 polyPlane1 aiStandard1
aiStandard: aiStandard1
Focus Presets Show Hide

图 4-20

Shading Group Attributes
Surface material aiStandard1
Volume material
Displacement mat. displacementShader1

图 4-21

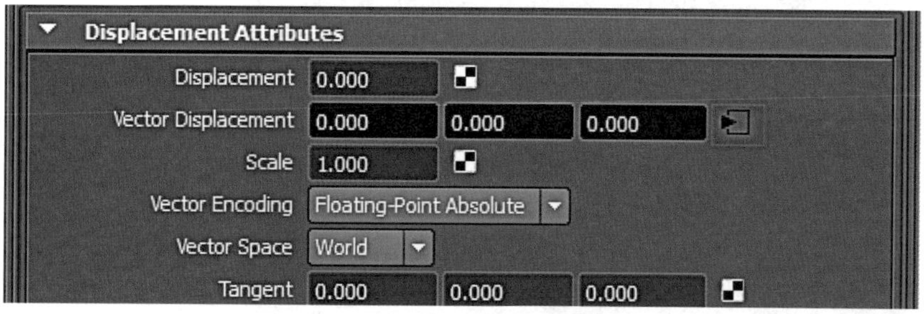

Displacement Attributes
Displacement 0.000
Vector Displacement 0.000 0.000 0.000
Scale 1.000
Vector Encoding Floating-Point Absolute
Vector Space World
Tangent 0.000 0.000 0.000

图 4-22

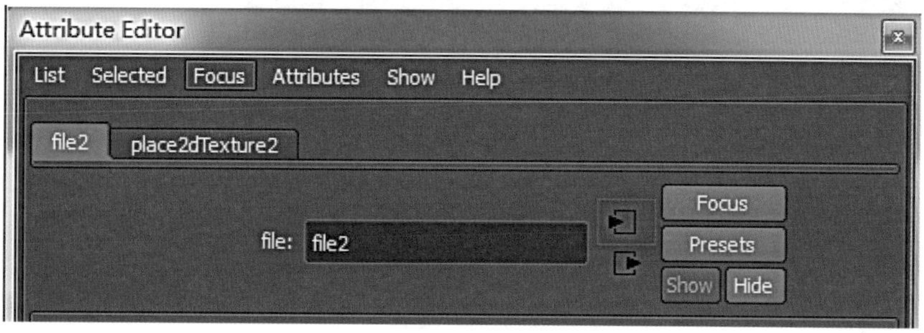

Attribute Editor
List Selected Focus Attributes Show Help
file2 place2dTexture2
file: file2
Focus Presets Show Hide

图 4-23

2d Texture Placement Attributes
Interactive Placement
Coverage 1.000 1.000
Translate Frame 0.000 0.000
Rotate Frame 0.000
Mirror U Mirror V
Wrap U Wrap V
Stagger
Repeat UV 5.000 5.000
Offset 0.000 0.000

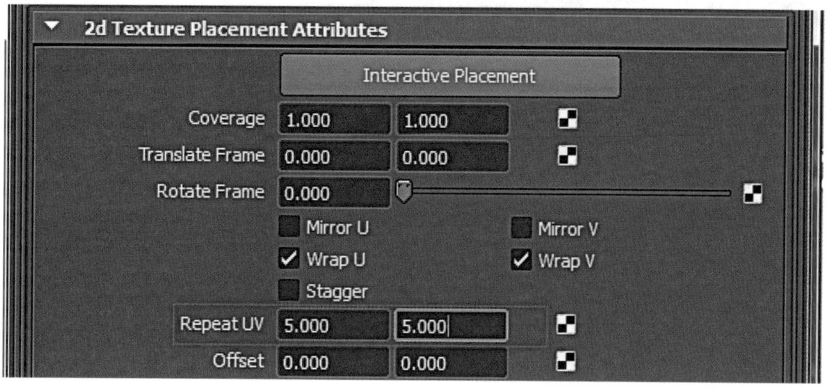

图 4-24

这时的渲染图为图 4-25，选择多边形平面 Plane1，打开属性编辑器，在 aiStandard 中调整。

Diffuse（漫反射）下的 Color（颜色）调为白色，Weight 调为 0，如图 4-26。

Specular（镜面反射）下的 Weight 调为 0.9，Roughness（粗糙度）调为 0，勾选 Fresnel。

Refraction（折射）下的 Weight 设为 1，IOR 设为 1.35，如图 4-28。

这时的渲染图为图 4-29 。

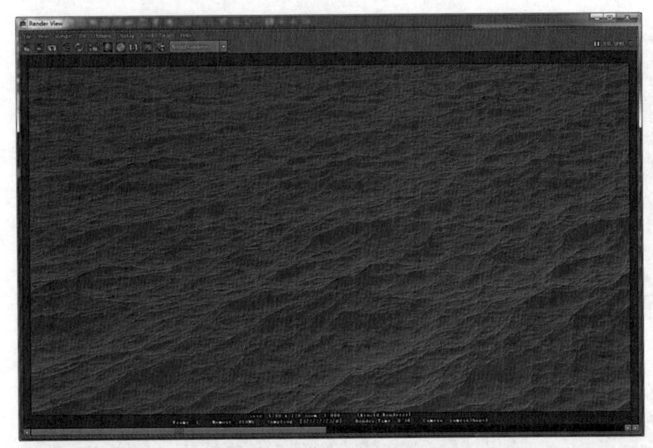

图 4-25

图 4-26

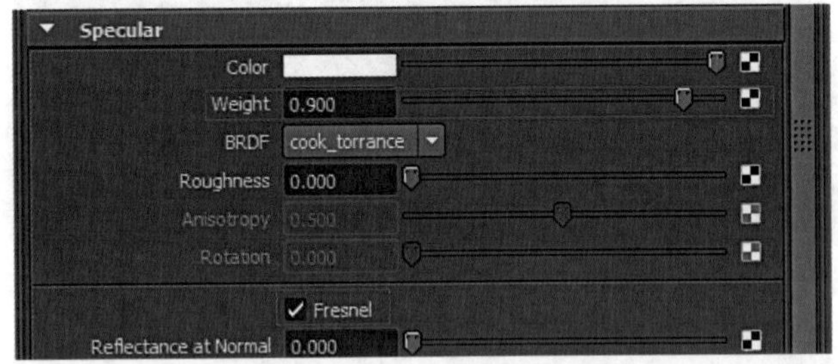

图 4-27

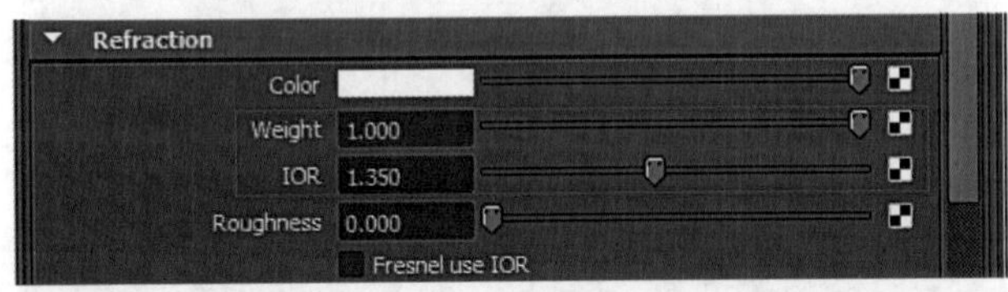

图 4-28

图 4-29

选择主光源，把定向光属性 Directional Light Attributes 下的 Emit Diffuse（漫反射）取消勾选，把 Arnold 下的 Angle 设为 6（增加 Angle 的大小就代表海洋表面的镜面反射增大了）。（图 4-30、图 4-31）

这时的渲染图为图 4-32。

最后调整渲染设置，开始渲染，如图 4-33。

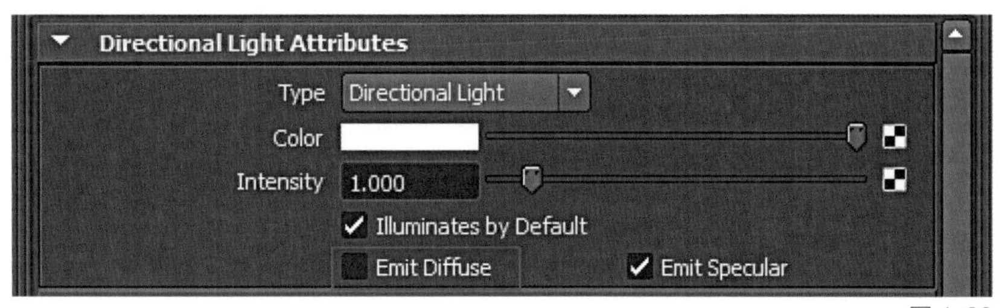

图 4-30

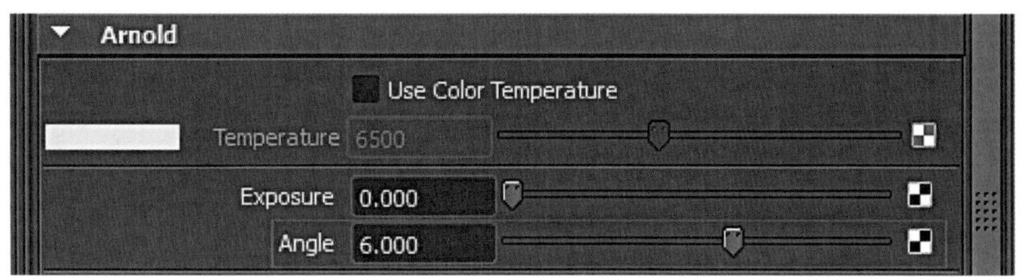

图 4-31

图 4-32

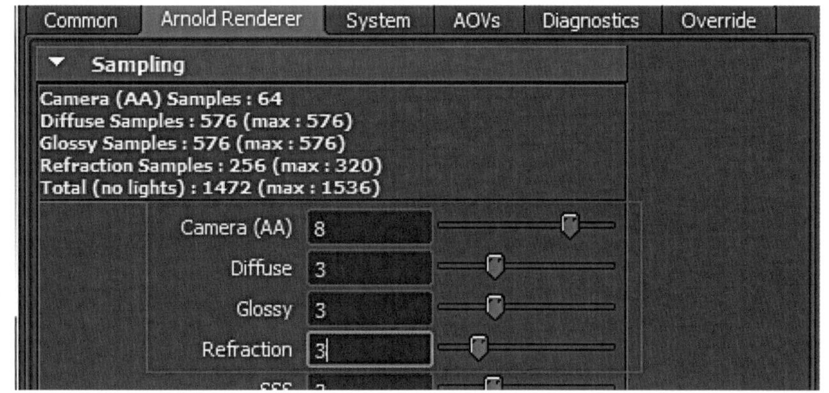

图 4-33

第五章 磨砂不锈钢材质渲染

本章导读

通过本章的学习，读者可以制作出磨砂不锈钢材质的效果，了解金属材质的特性和面积光的简单应用。

精彩看点

冷暖光照的使用，景深效果的渲染技巧。

第一节 分析不锈钢材质特性

这一章我们来学习制作不锈钢的材质，在生活中有很多金属材质，在不同的阳光照射下，它们产生的效果不一样。在同样的阳光照射下，不同的金属材质产生的效果也是不一样的。仔细观察金属发生的变化，这样能把金属做得更加真实。这一章我们学习的内容涉及的就是光照、金属反射产生的高光。

首先我们要收集金属参考素材。我们要给机器人制作金属材质，创建灯光渲染。（图 5-1）

这里我们使用的是 Arnold 渲染，现在我们先为这个角色创建灯光，便于我们调节金属材质。（图 5-2）

图 5-1

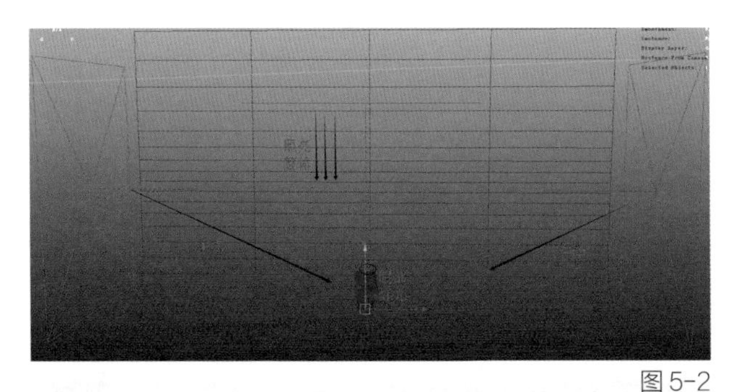

图 5-2

Arnold Area Light Attributes

Color

Intensity 1.000

Exposure 8.000

Use Color Temperature

Temperature 6500

Illuminates By Default

Emit Diffuse

Emit Specular

Decay Type quadratic

Light Shape quad

Resolution 512

Samples 3

Normalize

Cast Shadows

Shadow Density 1.000

Shadow Color

Affect Volumetrics

Cast Volumetric Shadows

Volume Samples 2

图 5-3

图 5-4

首先，我们在顶部创建一盏面积光照亮整个角色。这盏面积光颜色可以选择白色，以起到一个照明的作用，Exposure（曝光度）设置为 8，足以照亮角色，Resolution 的值（可以是 256，512，1024 等）不宜过高或者偏低。值过高会影响渲染速度，值偏低则质量达不到一定的标准。Samples（采样）这个值是改变渲染时出现的噪点。Shadow Density 是阴影的强弱程度，Shadow Color 是阴影的颜色，滑动后边的调节器可改变阴影颜色的饱和度，双击颜色可以选择不同的颜色。（图 5-3）

我们可以看到顶部灯光照亮整体的一个效果，靠近灯光亮一些，离灯光远一点就要暗一些，这样画面效果显得更加有层次感。（图 5-4）

我们要在调试灯光参数设置的同时去渲染角色接下来是确定角色的主光源，在角色的右侧给它创建一个橙黄色的面积光，除了增加一个色温参数设置外，其他参数设置都是和顶部灯光一样。勾选 Use Color Temperature（应用色温，冷色调亮度值越高显得偏向暖色调，暖色调亮度值越高显得偏向冷色调），Temperature（色温）设置为 4000 即偏黄色的暖色。（图 5-5）

暖光从侧面照过来，主光在里边就显得尤为突出。从整个画面上看，角色左侧很暗没有光泽，给人以空空的感觉，所以我们将在左侧添加一盏辅助光。（图 5-6）

我们让角色左侧增添一些光泽，可创建一盏冷色调的灯光，画面会出现一个冷暖对比的效果，这样更加吸引我们的眼球。我们复制右侧的面积光改变它的 Temperature（色温）。（图 5-7）

角色左侧也有了光泽，这样画面看起来就更加协调。接下来我们可以看到冷暖光的一个对比效果。这个角色简单的光照就设定完成。（图 5-8）

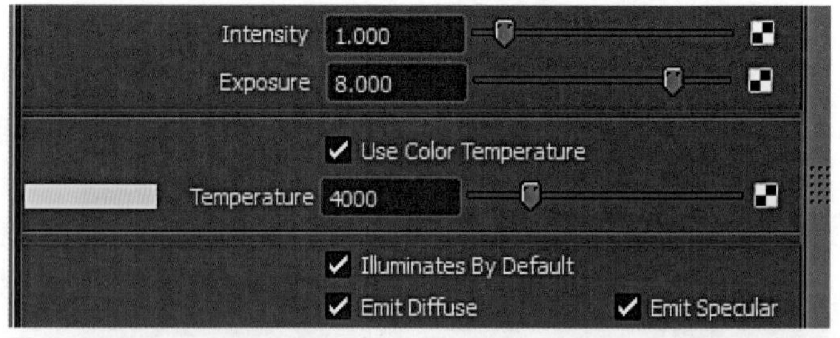

图 5-5

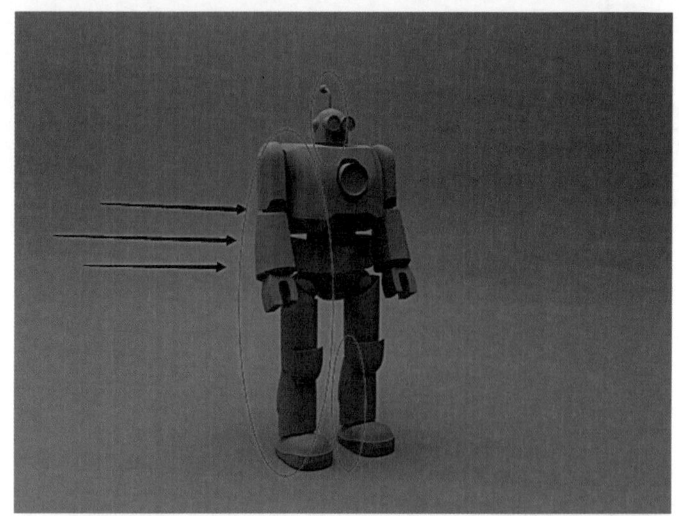
图 5-6

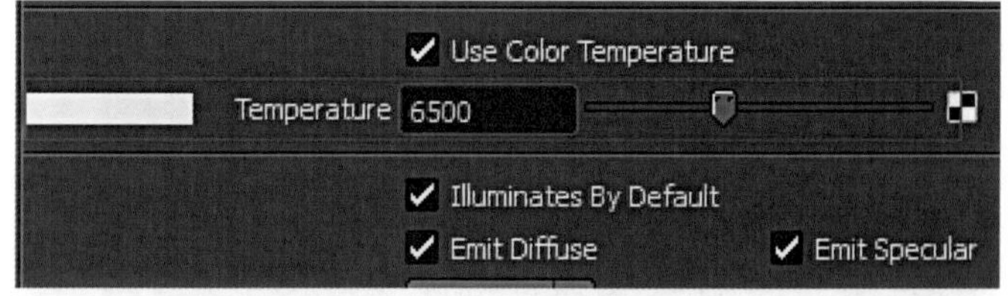

图 5-7

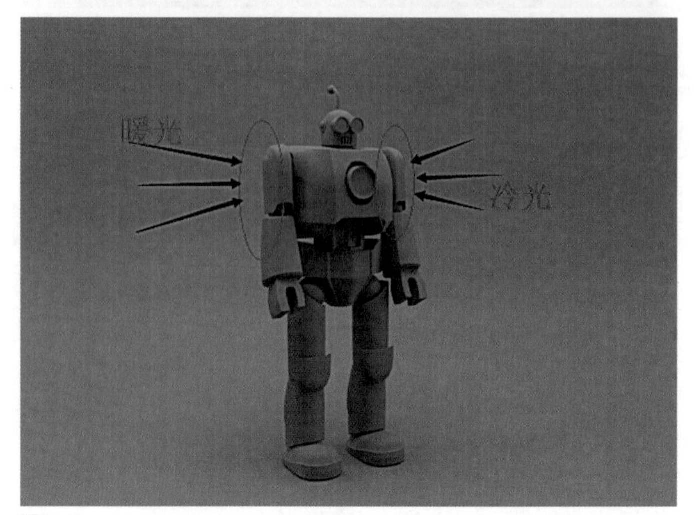

图 5-8

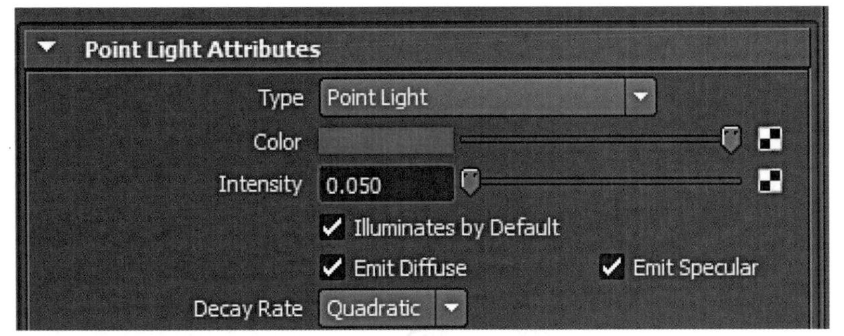

图 5-9

图 5-10

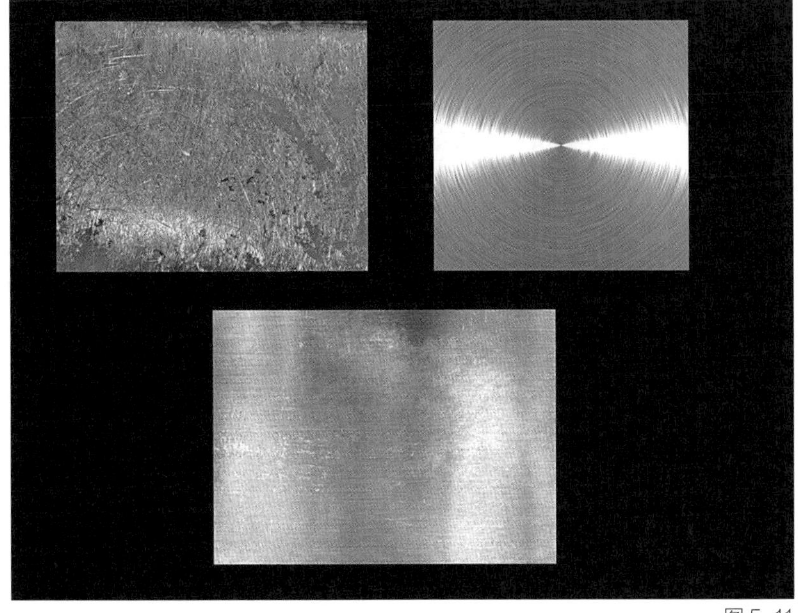
图 5-11

从整个画面效果看，这个角色显得平铺直叙了点。这是一个机器人，我们可以丰富一下想象力，我们可以在它的眼睛那里添加两盏点光源灯光，设置一种鲜艳的颜色，眼睛那里就是一个耀眼的地方，给人一种画龙点睛的感觉。我们可简单地设置一下点光源的参数，如图 5-9 所示。设置完后我们就会得到图 5-10 这样的效果。

接下来我们简单地分析一下金属材质。我们看到图 5-11 中左上角的那张图与其他两张图相比它的高光和反射都要弱一些，它的纹理是粗糙的（凹凸不平），各点的法线方向也不同，发生着不同方向无规则的反射（漫反射）。右上角的金属反射光特别强，高光也特别的显著。第三张图片凹凸不平的纹理与前两张图片相比而言比较适中，所以它的反射光也比较适中。不同的金属材质也是影响反射光的一个关键。（图 5-11）

第二节 aiStandard 材质模拟不锈钢

我们制作机器人的金属材质，首先要创建一个 Arnold 的材质球 Ai Standard，机器人的金属反射光要汇聚一些，没有那么弥散。我们把 Specular（高光）设置得强一些，Weight 设为 0.4；材质球的 Diffuse（漫反射），设置得弱一些，Weight 设为 0.2。（图 5-12）

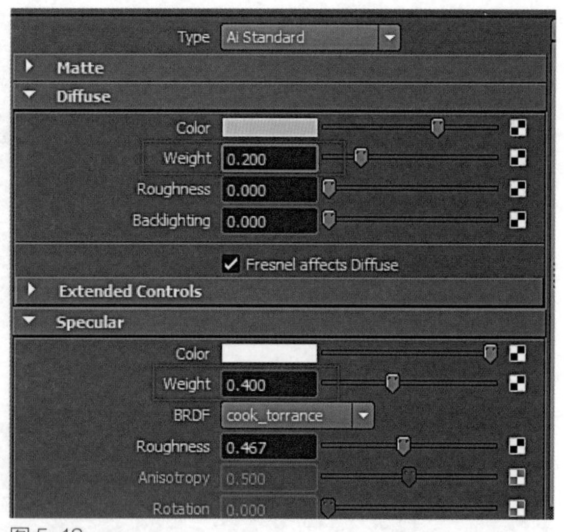

图 5-12

最后我们得到图 5-13 这样的一个不锈钢效果。不过我们在渲染的时候需要注意一些事项，如整个画面的采样、高光的采样 、高光的反弹次数等。它们的值都是不宜过高或偏低，过高渲染不出更好的效果，过低则质量达不到标准。

图 5-13

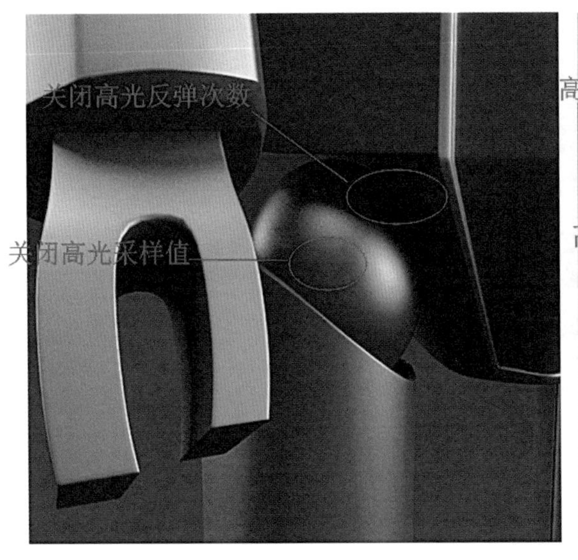

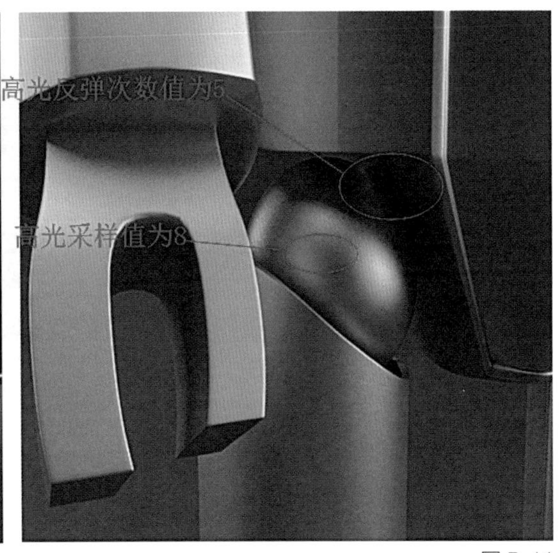

图 5-14

我们来仔细观察一下更改高光采样、射线深度值前后局部的效果。图 5-14 中左图关闭高光反弹次数渲染的图只反射了灯光照射的地方，在生活中明显是不对的，物质反射光也会照射到模型其他地方。右图上的高光反弹次数设置到了 5，有了一个漫反射的效果，这样显得更加真实。我们将关闭高光采样和高光采样设置为 8 进行一个对比，这样能更加清晰地看到高光采样设置高一点，高光反射的质感也更加细腻。（图 5-14）

我们来看一下 Arnold Renderer 的设置，前面 4 个参数都是更改它们的采样降低噪点，第一个 AA Samples 指画面的一个整体的质感采样，接下来是 Diffuse Samples（漫反射采样）、Glossy Samples（高光采样）、Refraction Samples（折射采样）。在 Arnold Renderer 里面的 Ray Depth（射线）程度（也就是在模型上光线反弹的次数），Diffuse，Glossy，Reflection，Refraction 它们的总值不能超过 10，即使超过了 10 其渲染的效果也不会再发生变化。我们调节这个机器人更改了两个值，一个高光采样，一个高光的反弹次数。（图 5-15）

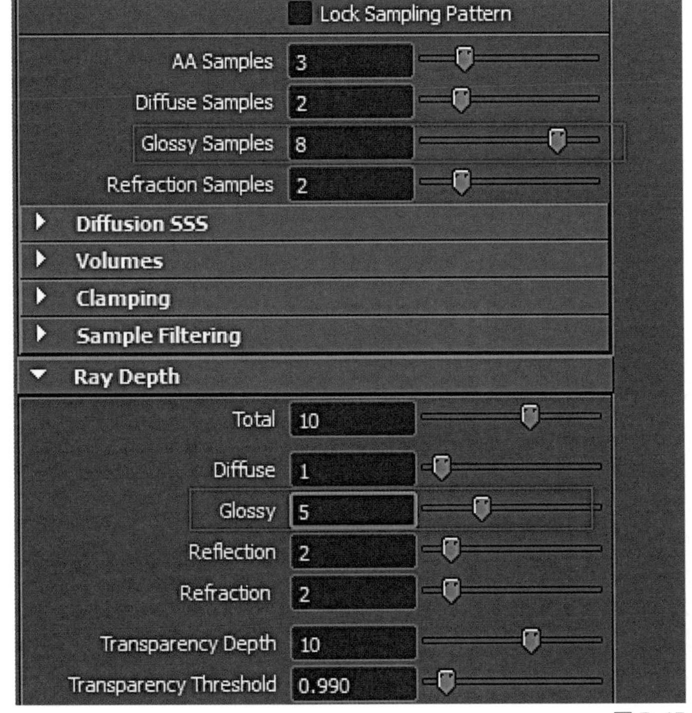

图 5-15

基本上我们制作的不锈钢简单效果就出来了，在渲染的时候出现了噪点，我们需去更改 Arnold Renderer 的设置，把它的

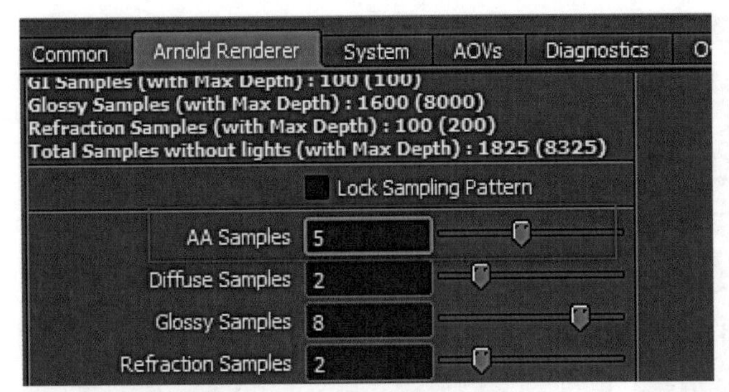

图 5-16

采样 AA Samples 的值设置得高一点，这样可以减少画面中的噪点。（图 5-16）

在测试渲染的时候记得保存图片，我们可以将修改参数前后效果进行对比，把 AA Samples 的默认值 3 改为 5，观察参数设置前后的区别。我们可以清晰地看到改变值以后画质更好了，几乎没有噪点了。（图 5-17）

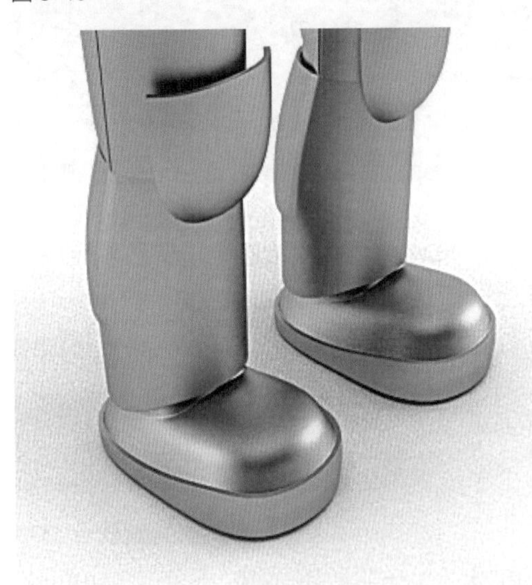
图 5-17-1

图 5-17-2

图 5-18

图 5-19

我们渲染的这个机器人是一个阳刚型的，我们可以给它添加一个柔和、迷幻的背景，以烘托出机器人有一种神奇的力量，整个画面也会显得柔和一些。同样我们可以给背景添加一个 Arnold 的材质球 Ai Standard，在 Diffuse 的 Color 里点击黑白格子，并添加一张图片。（图 5-18）

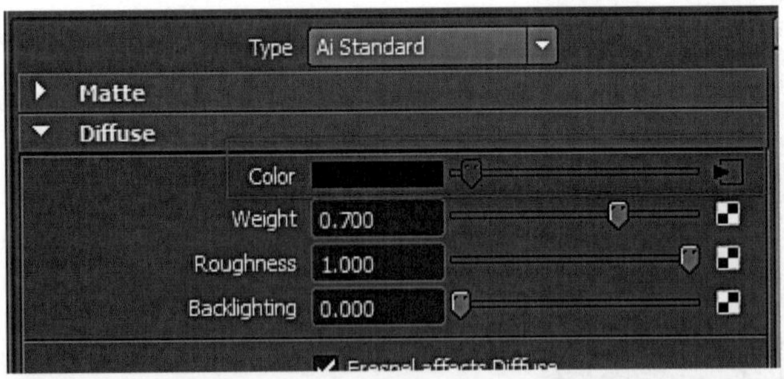

我们可以直接在 Create 属性下 2D Texture 里面添加一个 Fractal，并改变它的颜色，Color Gain（色彩增益）和 Color Offset（色彩平衡）。（图 5-19）

背景柔和、有一点点迷幻的效果更加突出金属的坚硬质感。（图 5-20）

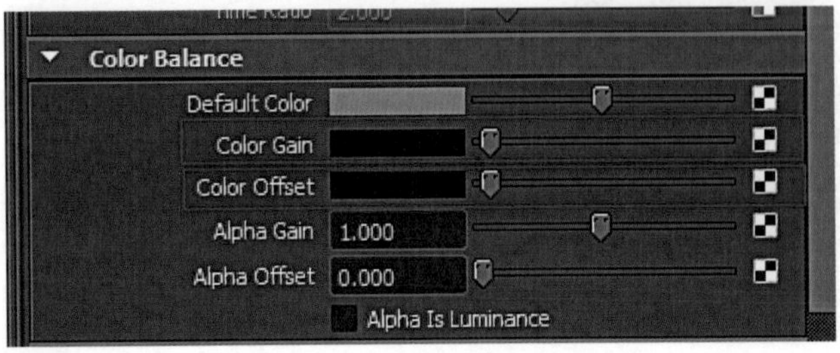

图 5-20

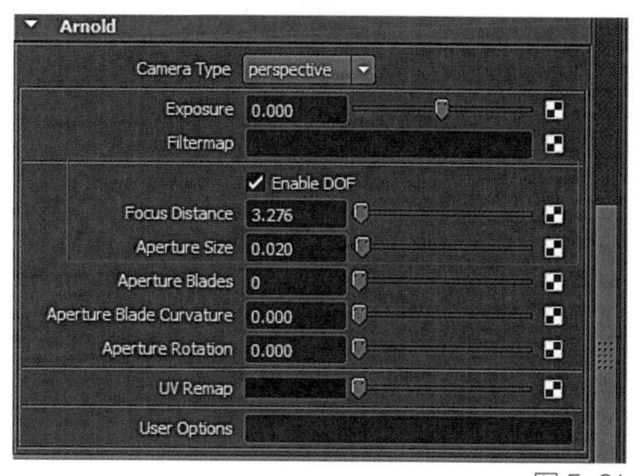

图 5-21

我们从图 5-20 的整体效果上看角色没有融入这个背景，我们可以给它增添一个景深效果，选择相机，Ctrl+A 进入编辑器 CameraShape 里的 Arnold 勾选 Enable DOF，设置 Focus Distance（焦距距离）和 Aperture Size（孔径大小）。（图 5-21）

我们渲染的最终效果基本上就完成了（图 5-22）。画面有一点景深的效果，如果想要把景深效果调节强一点，可以把 Aperture Size 的值设置得高一点。Aperture Size 值的大小就是虚幻程度的强弱，值越大景深效果越强，值越小景深效果越弱。Focus Distance 值大小的改变可以调节画面虚幻景象的分布。

图 5-22

第六章 苹果渲染

本章导读

通过本章的学习，读者可以制作出逼真的苹果渲染图像，进一步加深理解三点光照和冷暖照明的具体表现方法。

精彩看点

苹果表面暗部和亮部的高光表现。

第一节 分析苹果表层材质特性

本章讲解苹果的材质调节以及灯光渲染。大家对于苹果都很熟悉，如果没有调节好它的材质，那么看起来就会很怪。所以在制作时要做好准备工作。首先我们要尽量多地收集所需的素材，图 6–1 为收集的素材。

首先我们来分析一下苹果材质的特点，苹

图 6–1

果素材都有一点高光但是不太聚集，苹果的材质看起来会给人胶制品的感觉。所以在调节材质的时候，要给苹果材质一定的高光属性，来模拟苹果在灯光或者阳光下的效果。（图 6–2）

图 6–2

然后将提前准备好的模型或者自己做好的模型打开，找一个合适的角度，给它添加一个摄像机。打开摄像机的属性面板 Display Options，将 Gate Mask Opacity 的值设为 1，Gate Mask Color 设为黑色，这是为了只看渲染框以内的物体。（图 6–3）

图 6–3

场景中的物体可以三点光的方式来打光。现在来讲灯光的调节以及作用。主光给的是一个 Arnold 的 Area Light（面积光），把它的 Color 调成一个偏暗的暖色调，当然你也可以根据你自己的喜好以及想法将灯光的风格进行调整。这里将 Exposure（曝光值）设为 16，将 Samples 值设为 2。（图 6–4）

整体效果如图 6–5。

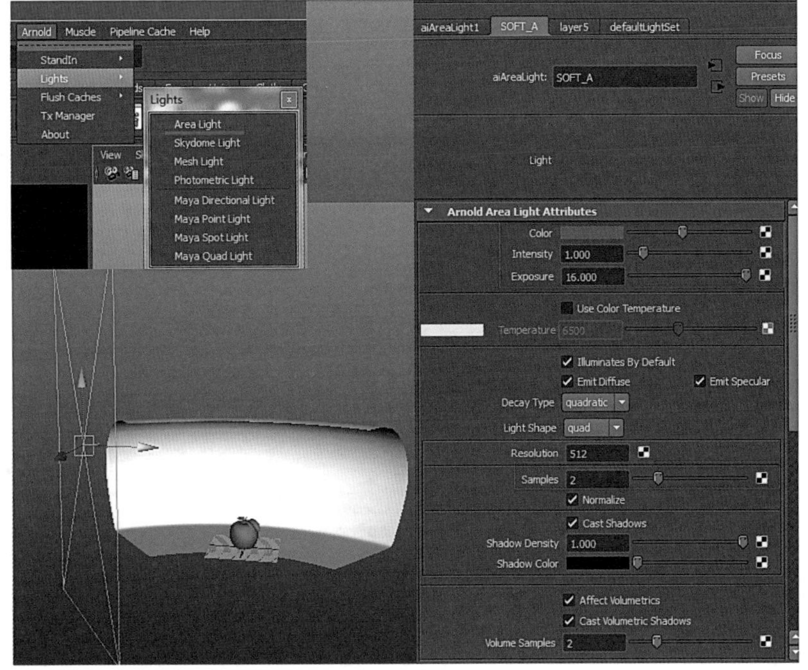

图 6–4

图 6-5

第二节 aiStandard 材质模拟苹果

为了使灯光的效果再柔和一点，在主光的 Color 后面的黑白小棋盘格图标上用鼠标左键点击，创建一个 Ramp 节点。（图 6-6）

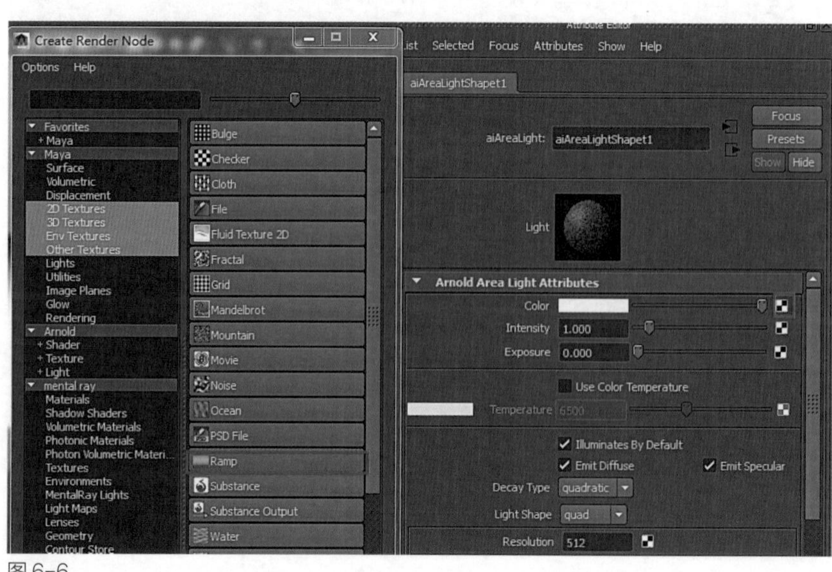

图 6-6

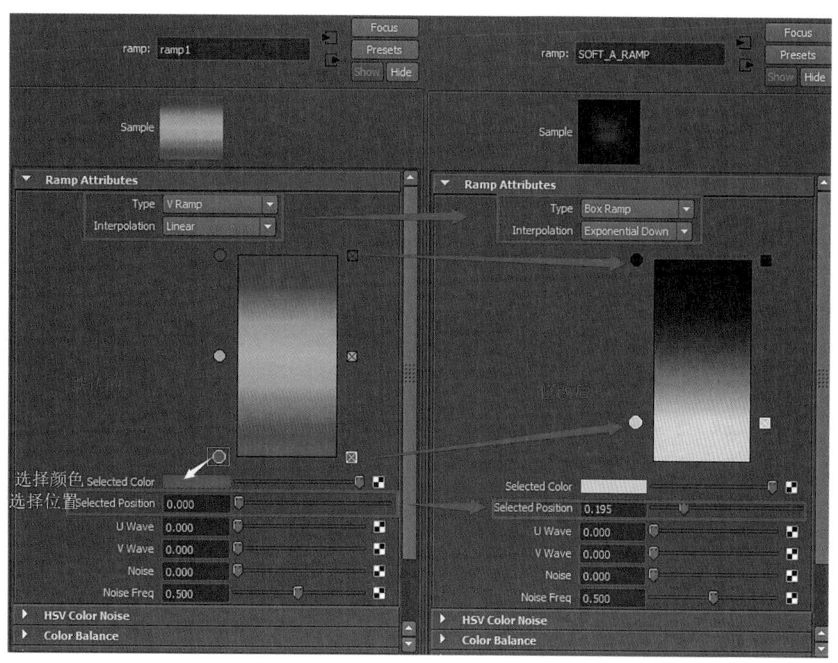

图 6-7

一般我们都不会使用它默认状态下的灯光，调节 Ramp Attributes 的参数，将 Type（类型）改为 Box Ramp（这里指灯光类型改为盒子方向渐变），Interpolation 改为 Exponential Down（递减）。它的颜色默认都是 RGB 的，要想改变它的颜色需点击左边带颜色的小球，相对应的方格就可以删除，当你想再添加一个颜色时在颜色的板块中单击鼠标左键就可以了。如果你想调整渐变的小球或者渐变的位置时可以调节 Selected Position 的参数，或者移动它右边的滑块，也可以左键点击你想移动的小球不放，移动鼠标的位置就可以调节小球的位置（当然你可以尝试其他的效果以及类型，在这里就不过多阐述了）。（图 6-7）

这里为什么要这么麻烦呢？是为了让灯光的颜色有过渡，使灯光效果看起来更加柔和。（图 6-8）

将主光的 Exposure 值设为 18，Samples 阴

图 6-8

图6-9

影的采样值设为2来减少苹果的噪点，以增加我们的渲染效果。采样不要一次性开得太大，要依其效果而定。现在可以看见主光的效果，如图6-9。

在确定好主光源以后，给苹果和叶子分别添加一个aiStandard材质（以便调节它的材质），将绘制好的苹果的材质添加到Diffuse的Color上面。苹果的表皮比较粗糙，将Roughness的值设为0.3，来增加苹果的层次感。再给苹果和叶子各一张Bump贴图来增加纹理的细节，如图6-10。

给苹果使用了Bump贴图后，叶子的纹理显得更加明显，苹果的材质也更加清晰。（图6-11）

但是现在的苹果看起来是平的，这时可以把苹果的高光属性打开来增加苹果的立体感。将苹果的Specular选项下的Weight值设为0.2，Roughness值设为0.675，这是为了让苹果的高

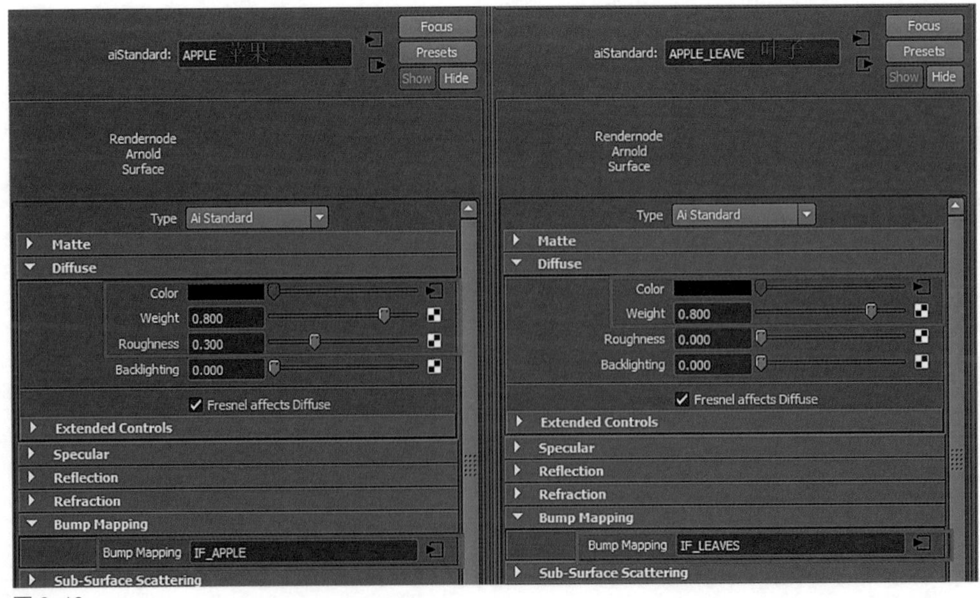

图6-10

图 6-11

光不那么聚集，勾选 Fresnel 并将 Reflectance at Normal 值设为 0.8，把苹果的 Reflection 属性下的 Weight 值设为 0.2。将叶子的 Specular 属性下的 Weight 值设为 0.1，Reflection 属性下的 Weight 值设为 0.1（物体高光、反射的大小都是根据物体表面的粗糙程度来决定的，物体越粗糙它反射的高光越低，反之则越高），如图 6-12。

图 6-13 为增加了高光、反射以及菲涅耳反射后的效果。

这里补充一下菲涅耳反射，它是反射 / 折

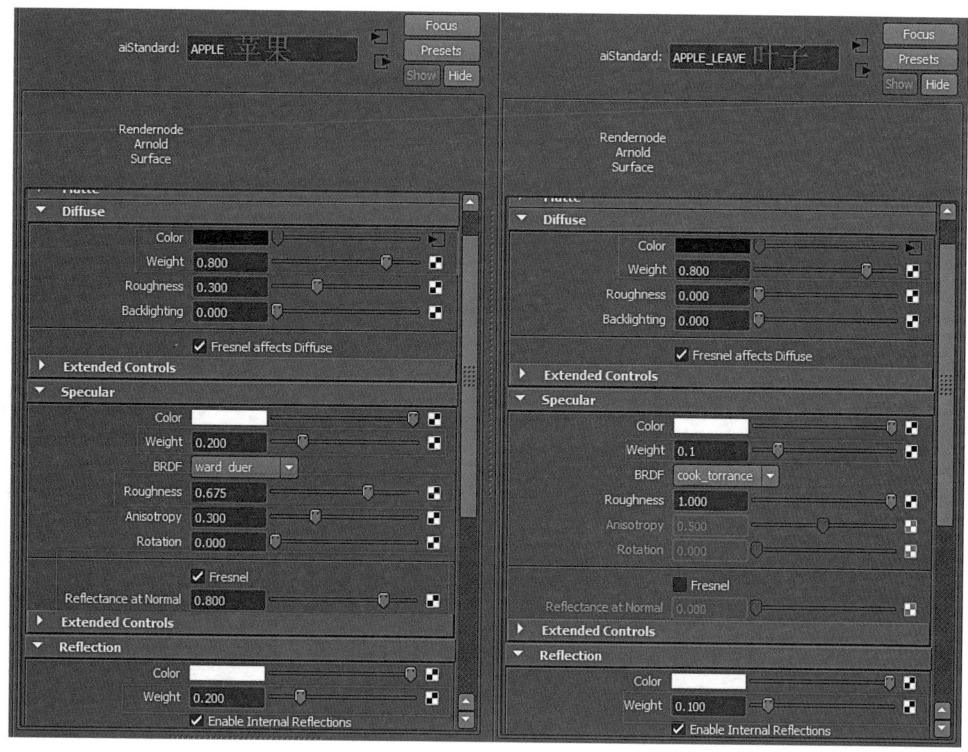

图 6-12

图 6-13

射与视点角度之间的关系。比如你站在湖边，低头看脚下的水，你会发现水是透明的，反射不是特别强烈；如果你看远处的湖面，你会发现水并不是透明的，反射非常强烈。这就是“菲涅尔效应”。简单地讲，就是视线垂直于表面时，反射较弱，而当视线非垂直于表面时，夹角越小，反射越明显。如果你看向一个圆球，那圆球中心的反射较弱，靠近边缘的反射较强。不过这种过渡关系受折射率影响。如果不使用“菲涅尔效应”的话，反射则是不考虑视点与表面之间角度的。注意，在真实世界中，除了金属之外，其他物质均有不同程度的“菲涅尔效应”。

现在场景中的物体偏暗，需在场景中打一个辅助光，主光是偏黄色的暖光，那么添加的这盏辅助光需是一个偏蓝色的冷光，以增加它的层次感。同样是在 Arnold Area Light Attributes 属性下面的 Color 后面的黑白小棋盘格图标上用鼠标左键点击，创建一个 Ramp 节点，调节 Ramp Attributes 的参数，将 Type 改为 Box Ramp，Interpolation 改为 Exponential Down，再把面积光 Exposure 的值设为 16，Samples 设为 2（这里补充一下，辅助光的曝光度一般都是弱于主光的，这是为了区分灯光的来源以及主次），如图 6-14。

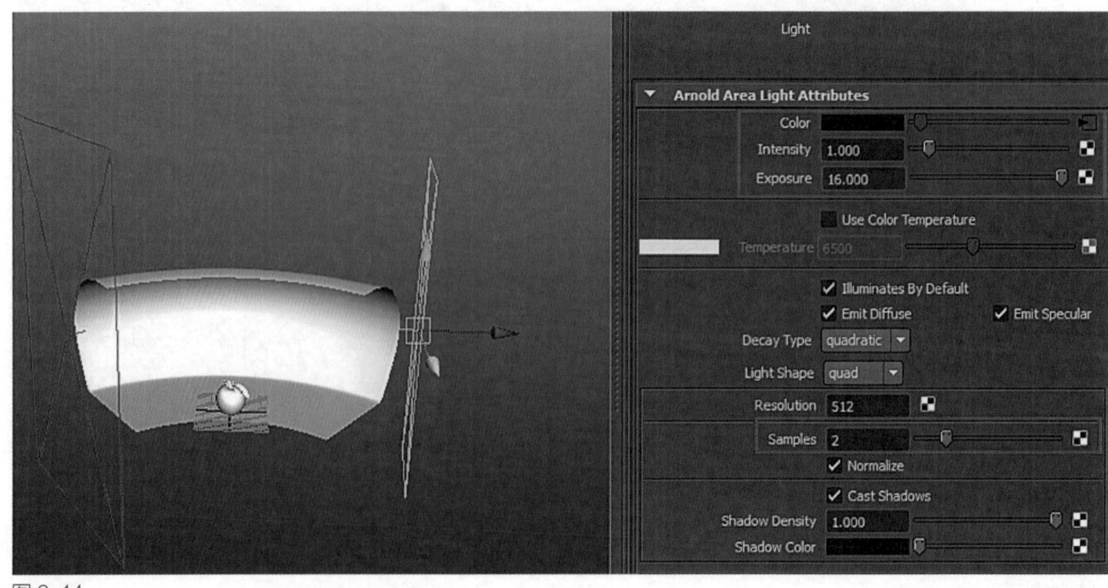

图 6-14

图 6-15

这时可以看到冷暖对比的效果了。(图 6-15)

对比效果是有了，但是现在整个场景的前后没有区分开。需要给场景再添加一个背景光。但这个背景光不能乱放，要根据主光源的方向来放置。图 6-16 用的是一个冷色调的聚光灯，与前面的暖光产生一个冲击力的对比，将聚光灯的 Cone Angle 设为 30，Penunbra Angle 设 为 40，这都是在调整聚光灯的灯光范围。将聚光灯的 Exposure 的值设为 13。

图 6-17 为前后效果对比图。

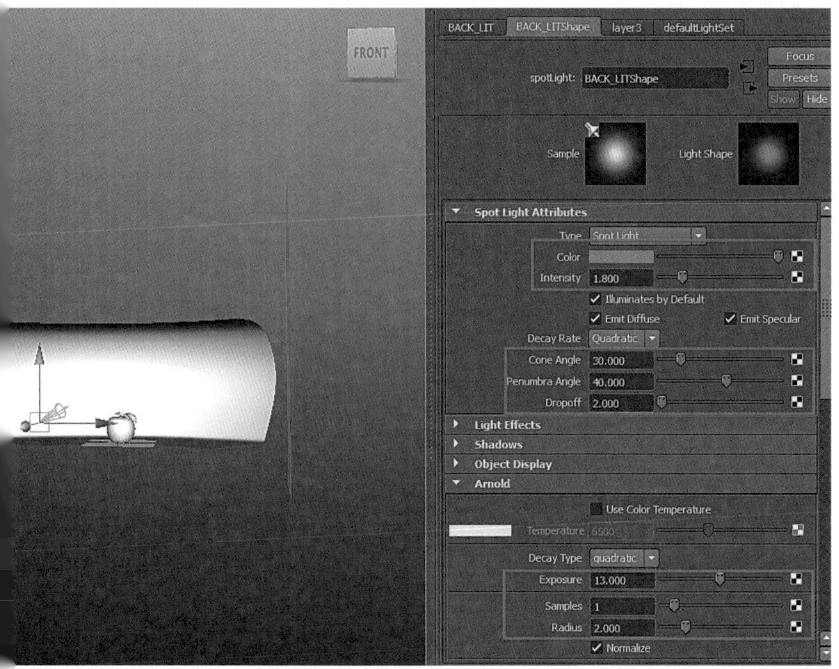

图 6-16

图 6-17

从效果图上看，前面与后面是区分开了，背景光也使苹果的前后有了微小的变化。注意箭头区域，观察只有背景光的效果。（图 6-18）

场景中叶子看上去有点平了，没有亮点，现在需在苹果的后面添加一个边缘光，背景光是一个冷色调，那就加一个暖色调的聚光灯作为边缘光，将聚光的范围调整好，当不好控制的时候就可以从 Panels 进入 Look Through Selected（灯光视图）滚动鼠标中键来调节聚光灯的灯光范围。（图 6-19）

图 6-18

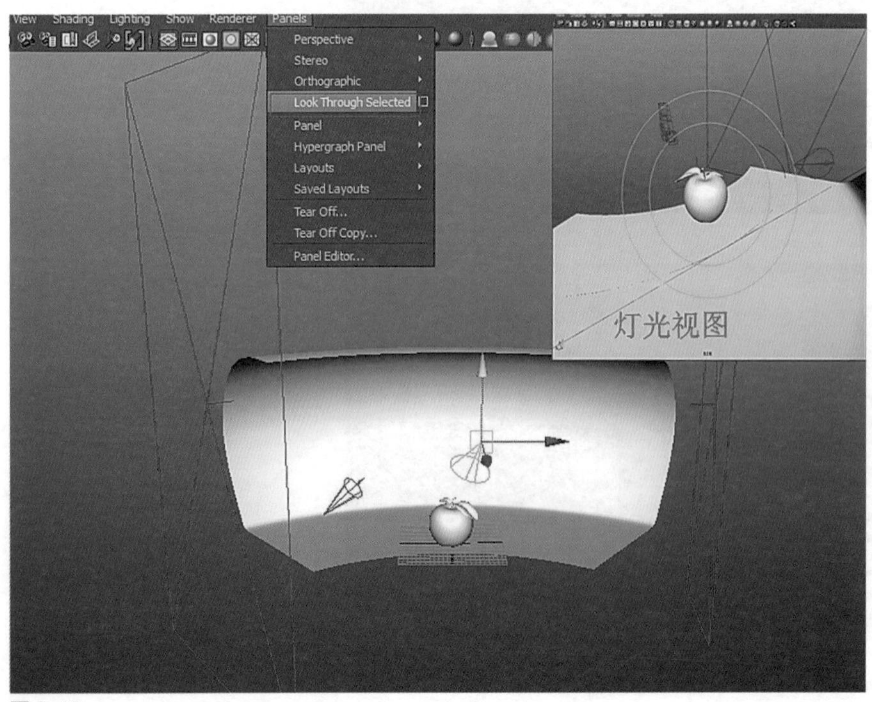

图 6-19

将边缘光的Color改为黄色，范围放大一点，将聚光灯的Exposure的值设为10，Dropoff的值设为5，使灯光的边缘不会太虚化。把Radius的值设为6，使聚光灯更加柔和，看起来不会特别僵硬。（图6–20）

此时渲染图中叶子的下方有很多噪点没有消除，这是因为现在的渲染设置里面的采样调得不是很高，它的AA采样值为3，Diffuse值为1。从图6–21可以看见现在的效果，但是现在的地面稍显暗了。在调节采样的时候要注意，不要

图6–20

图6–21

同时都调得太高，这样会增加它的渲染时间，同时这样也是没有必要的，将采样值调到合适的值就可以了。

最终渲染的时候将 AA 采样值调到了 8，Diffuse 设为 4，Glossy 设为 3，Refraction 设为 1。这样地面就显得稍微亮一点了。（图 6-22）

图 6-22

第七章 玫瑰花渲染

本章导读

本章主要讲解如何通过调整材质球渲染出基于现实色调的玫瑰花，掌握半透光材质的光照表现方法。

精彩看点

法线贴图表现花瓣的细微凹凸纹理效果、表面散射效果。

第一节 分析玫瑰花瓣材质特性

在动手制作之前，我们要对玫瑰花进行分析并有所了解，这样才能在制作的过程中减少许多不必要的麻烦，并且制作出来的效果也会生动很多。

无论做什么样的工作，首先做的往往都是准备工作，只有准备工作做好了，才能为后面的道路减少麻烦，就好似一幢大楼的崛起，最不能缺少坚固的地基。所以第一步看似简单，但它在整个过程中，起着重大的作用。

首先，我们要花时间去收集和整理玫瑰花的素材，收集的素材尽量选择高清的图片，这些图片往往会在后面制作贴图时用到，所以图片要尽可能是高清图。记住一点，在制作项目的时候，要懂得利用现有资源，这样会节省很多时间。

图 7–1~图 7–3 为收集和整理的玫瑰花素材。

图 7–1

图 7-2

图 7-3

这里主要说材质渲染，模型没有很详细地讲解，不过在制作模型时需注意玫瑰花瓣的形状，花瓣略呈半球形或不规则团状，还有在制作过程中注意保存文件。在模型制作完成后，要检查场景中有没有多余的模型，如四边面、三边面等，然后把模型位置调整好，坐标归零，最后删除模型历史记录（注：Smooth 的历史记录不要删）。养成良好的习惯，可避免很多麻烦。

图 7-4 是玫瑰花的模型，对于刚入门的新手来说，这个模型稍困难的地方就是玫瑰花朵，如果对于形状把握不好的话，做出来的东西就不是很自然，会显得有些生硬。此时不要焦急，一定要静下心来一步一步地做，模型无非就是点、线、面的应用，所以前期做模型的时候一定要有耐心。

图 7-4

第二节 凹凸贴图和法线贴图的运用

在编辑 UV 时，避免 UV 重叠，还有 UV 尽可能不拉伸，充分利用 UV 空间避免资源浪费，如果在摄像机看见的范围出现 UV 接缝，就把接缝放在摄像机注意不到或不易察觉的部位。

UV 编辑好后进行贴图处理，首先，确定玫瑰花的颜色，这里我们选择的是红色。然后，在 PS 后期软件里面处理贴图。

图 7-5 上面两张图是颜色贴图，左下图是凹凸贴图，右下图是法线贴图。其中凹凸贴图和法线贴图的制作，下面有详细讲解。

图 7-5

先说说为什么要制作凹凸贴图和法线贴

图。凹凸贴图和法线贴图多用于CG动画上面的渲染以及游戏画面的制作，凹凸贴图包含的不是颜色信息，而是凹凸信息（图7-6）。法线贴图是将具有高细节的模型通过贴图的方式，贴在面数较低的模型上面，使低端的模型拥有高模的细节。凹凸和法线在渲染时可以降低模型需要的面数和计算内容，从而达到优化动画渲染和游戏渲染的效果。凹凸贴图就是一个灰色的纹理图，灰白色代表凸、灰黑色代表凹（图7-6）。凹凸贴图很容易制作，在PS软件里面把颜色图去色，然后再适当地调节色阶，就可以做出一张包含有凹凸信息的贴图。

法线贴图的制作方式有通过ZBrush或Mudbox软件在低模的基础上雕刻出高模的细节，从而通过映射烘焙出法线贴图（图7-7）。还有就是借助其他软件把图片转法线贴图，如

图7-6

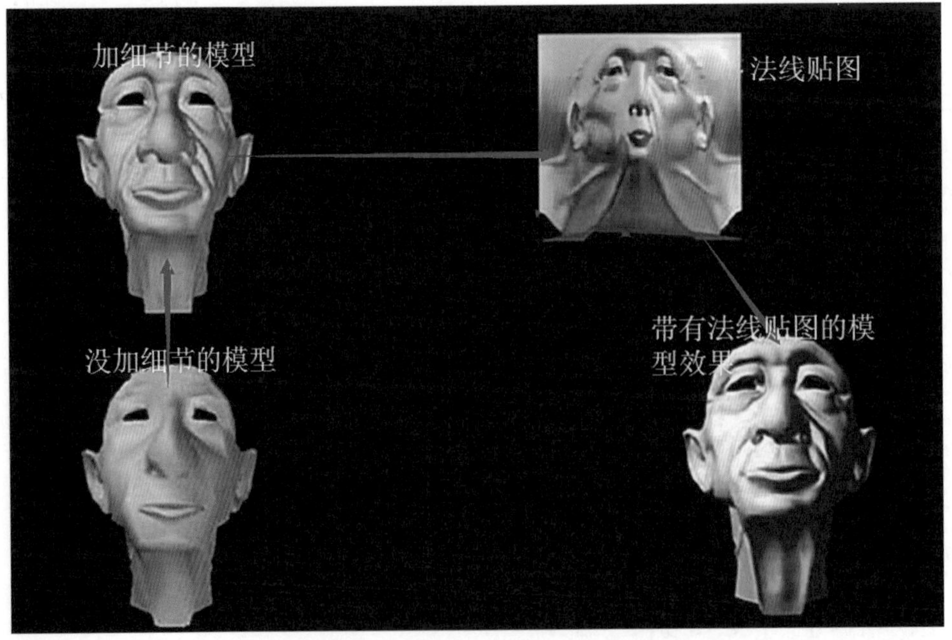

图7-7

CrazyBump 这款软件，中文名叫“超级法线凹凸生成”，操作起来非常方便，是利用普通的 2D 图像制作出带有 Z 轴（高度）信息的法线图像，不仅可以用于其他 3D 软件里，还可以使一个低精度的模型带有高精度的效果。

图 7-8 是通过 CrazyBump 软件把图片转法线贴图。

CrazyBump 转法线的基本操作方法，如图 7-9~ 图 7-11 所示。

图 7-8

图 7-9

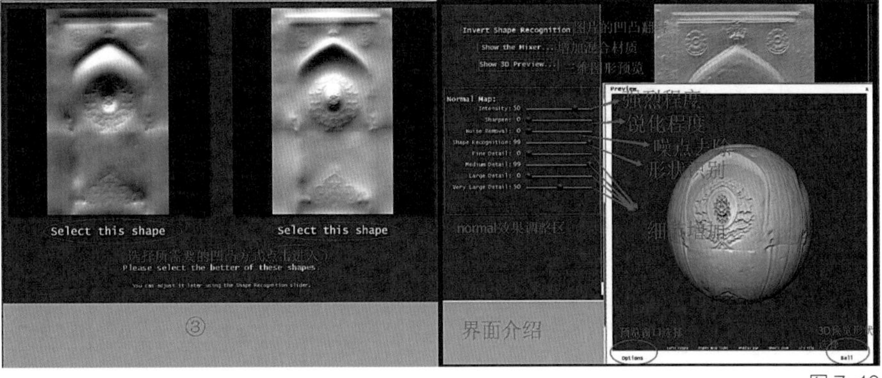

图 7-10

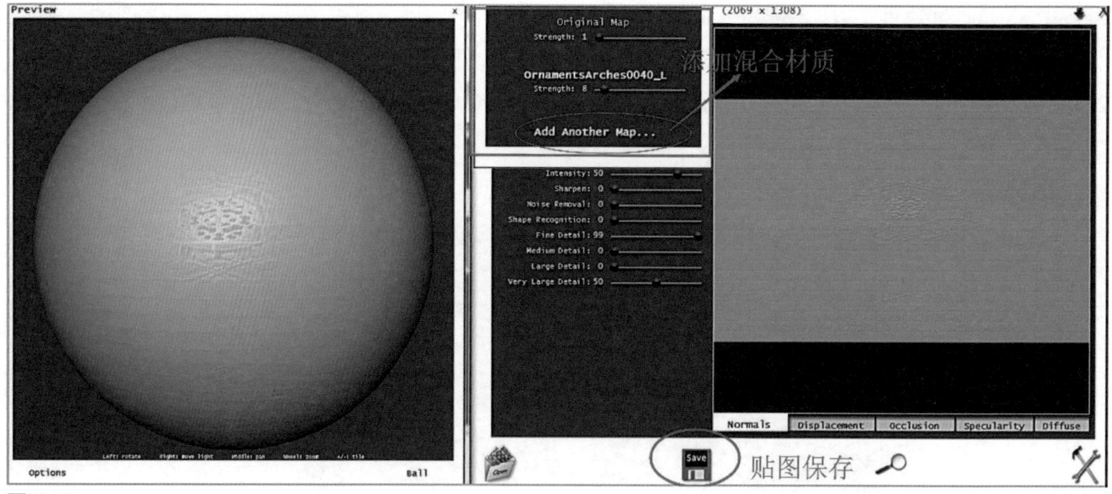

图 7-11

第三节 Arnold 灯光的设置

现在给玫瑰花赋予材质球，由于渲染器使用的是 Arnold，所以选择 Arnold 的默认材质球 Ai Standard 材质。一般 Maya 材质球都是默认的 Lambert，如果要选择 Ai Standard，就在 Maya 窗口的右边属性编辑器里面选择 Ai Standard，方法如图 7-12 所示。

在赋予完模型材质后，这时就应该给场景进行灯光照明了。一个好的视觉效果是由光、物体的性质和摄像机共同决定的，所以材质球参数的调整还需要和灯光相结合，才能发现其中需要修改的地方。在给场景进行灯光照明时，应该以全黑暗开始（注：一定要关闭 Maya 的默认光），然后再添加需要出现在场景中的灯光，添加的灯光应了解它在场景中所起的作用，不要纯粹为了使场景变亮而使用灯光，如果这

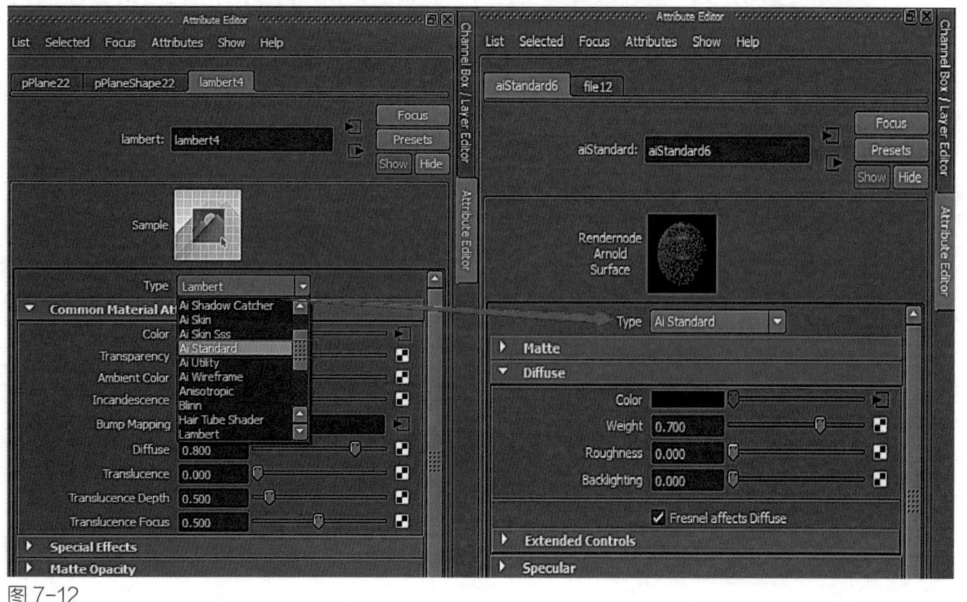

图 7-12

图 7-13

样使用灯光的话，最后的效果会显得平淡无奇。

在准备为场景打光时，应注意以下四点：

（1）场景中的环境是什么类型的，如是室内还是室外等。

（2）是否有参考图片，如好的优秀作品、电影里面的素材或者实际照片等。

（3）灯光的作用是什么，如灯光在场景中所表达的气氛和基调等。

（4）主光——关键光。在一个场景中，其主要光源通常称为主光。主光不一定只是一个光源，但它一定是照明的主要光源。

先为场景选择一个好看的角度，然后对场景进行布光测试（图 7-13），灯光的方向是根据摄像机的镜头方向来进行调节的。这里用的是 Directional Light（平行光）为主光，以此来模拟太阳光（注：物体被照射的范围与平行光的方向有很大的关系，与平行光的大小和亮度没有关系，所以平行光正对着哪个面，就只会把哪个面的物体照亮）。

图 7-14 左图是主光的参数调整。灯光只照亮了玫瑰花上面的几片花瓣，很大一部分处于黑暗的状态，这个时候不要急着去调平行光下面的 Intensity 参数，由于我们使用的是 Arnold 渲染器，平行光有一个 Arnold 选项栏，作用就是专门用来调节灯光强度的，所以应该在 Maya 窗口的右边属性编辑器的灯光下面找到 Arnold（图 7-14 中），然后进行调节。图 7-14 右图为 Exposure（曝光）值为 6 的效果（在对主光进行参数调整时，不要立即把整个场景全照亮，这样很不利于后面灯光的添加，并且会出现曝

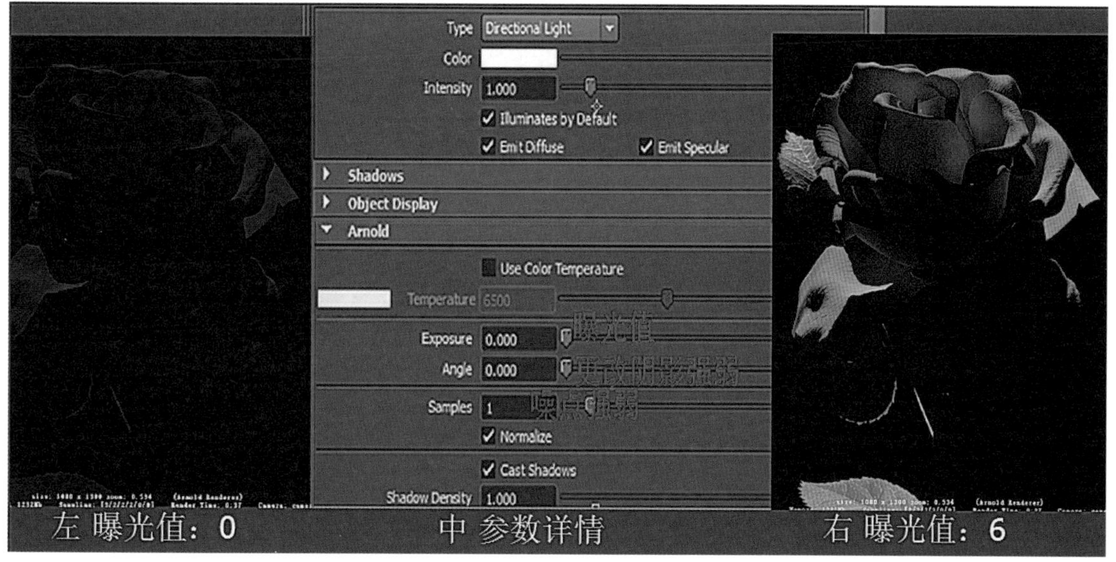

图 7-14

光的状态），这时发现在 Exposure 值为 6 的情况下，玫瑰花的茎部还是有大片的黑暗区。现在对于黑暗的地方，处理的方法不是继续增加曝光值，而是为场景添加另一盏灯光，即 Sky-dome Light（天光）作为辅助光来照亮黑的部分。选择 Skydome Light 是因为玫瑰花的场景在户外，所以用它来充实环境效果的光。

创建天光的方法，如图 7-15。

当天光创建好后，就准备为天光赋予一张 HDR 图片。要用 Skydome Light 来充实环境效果的光，就必须要使用 HDR 图片来作为照明。HDR 是带有颜色亮度信息的图片格式，它具备常规图片所不具备的现实世界的亮度信息。所以用它照明，可以使场景更接近真实世界的亮度范围，照明效果极其逼真。图 7-16 分别是没加 HDR 图片的天光和添加 HDR 图片的天光后玫瑰花的效果。

对比图 7-16 的两张图，图 7-16 左图明显比 7-16 右图的亮了很多，这时候你会觉得亮丽点的玫瑰比较好看，但是在现实世界中，因为

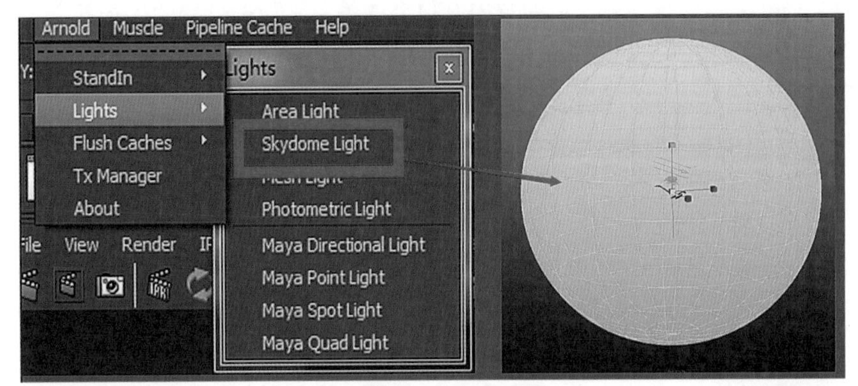

图 7-15

图 7-16

图 7-17

光的作用，物体的背光面往往会受周围环境色的影响，从而使物体颜色也有色彩的变化，如图 7-16 右。正如刚刚说的，现实世界的环境在光的作用下相互散射，而右边的图就表明了这一点，玫瑰花带有贴图环境的明暗光。

调整天光的曝光值，把图 7-16 右图中稍暗的地方进行照亮。天光的调整，首先在 Maya 视图的左边工具箱里面找大纲视图，然后在大纲视图里面选择 aiSkyDomeLight1，然后点快捷键 Ctrl+A 切换至右边的属性编辑器，这样就可以对天光进行调节了（图 7-17）。我们也可以直接在 Maya 工作区里面选择天光，然后点 Ctrl+A 切换至属性编辑器。

图 7-18 是曝光值为 0.2 的效果，因为物体较少，所以一盏平行光和一个天光就完全可以胜任照明的工作了。

现在我们需要做的就是调节玫瑰花的材质，就像本章第三节前部分所说，一个好的视觉效果是由光、物体的性质和摄像机共同决定的。这里物体的性质就是指模型的材质，在三维软件里面，我们就是通过对材质的设定来表达物体的性质的。

在调节材质之前，应先了解玫瑰花的性质，在本章第一节中不难发现那些玫瑰花在阳光的照耀下都带有“透光”的特征，且能够看见其皮下组织，图 7-19 就更加证明了这一点，注意标注红圈的地方，它们都是在阳光的照射下形成的。这种通过光线穿过一个物体在最表面的浅层内扩散和传播所产生的半透明效果，就叫作次表面散射。具有这种形式的透明物有纸张、塑料、植物的叶子和花瓣，还有蜡烛等。

现在我们开始对材质进行调节，经过刚刚

图 7-18

图 7-19

Type Ai Standard
Matte
Diffuse
Specular
Reflection
Refraction
Bump Mapping
Sub-Surface Scattering

图 7-20

的分析，对比图 7-18 和图 7-19 中的玫瑰花，图 7-18 中的玫瑰花略显生硬、死气沉沉，而图 7-19 中的玫瑰却娇艳动人、生机勃勃。所以我们在这里需要调节的基本参数有 Diffuse（漫反射）、Specular（高光）、Refraction（折射）、Bump Mapping（凹凸贴图）以及 Ai Standard（自身带有的 3S 效果）（图 7-20）。

首先对 Diffuse（漫反射）下的 Roughness 值和 Backlighting 值进行调节，Roughness 是平滑值(数值越大越粗糙)，Backlighting 的作用是物体有重叠的地方时，将这个数值调高就会有很好的透明物体的重叠效果（图 7-21）。这里也许有人会说，三张图没有什么明显的变化，但如果仔细看就不难发现其中的差别。

图 7-22 和图 7-23 分别是调节 Roughness 和 Backlighting 值的细节效果对比图，注意看红圈标注的地方。

Roughness 在这里的作用就是平滑光线的过渡。当 Roughness 值为 0 时，花瓣的光线过亮，以至于花瓣看上去不那么真实，在花瓣的转折处也呈现出不合理的亮色；当 Roughness 值为 1

图 7-21

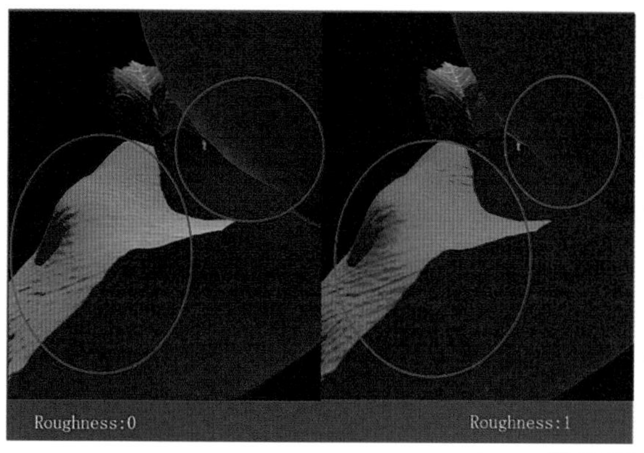

图 7-22

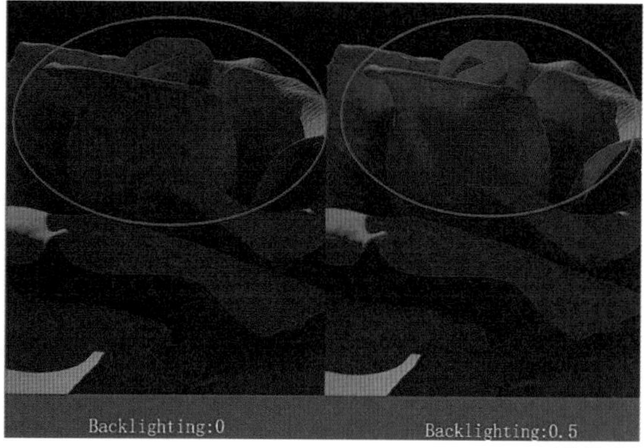

图 7-23

时，花瓣光线过亮的部位被平滑了，看上去不那么刺眼，并且花瓣转折处的亮色也被平滑地过渡。

再观察 Backlighting 的细节图，前面说到当把 Backlighting 的数值调高就会有很好的透明物体的重叠效果。当 Backlighting 值为 0 时，花朵上没有光线的穿透，看上去很厚重。之前在准备调材质时，就对花进行过分析，花朵应该具有半透明的效果。所以当 Backlighting 值为 0.5 时，花朵上出现了透明的效果，而这种透明效果就是我们所需要的（Backlighting 透明的效果，还要根据灯光照射的方向来调节，而不只是把 Backlighting 的参数值调高，所有物体便就可以出现透明的效果）。

刚开始其实我一直觉得 Roughness 这个参数没多大作用，就如我前面所提到的图 7-21 三张图似乎没有多大的变化一样。我一直很困惑为什么要给玫瑰花调节 Roughness 值，后来幸亏我的导师给我进行了讲解，在讲解时他是另外打开 Maya，然后对我刚刚的疑问做了一个实验，我才明白了其中的奥妙。对于我这种反应慢的人，要完全吸收还是需要点时间的。通过这件事也间接地告诉大家，在遇到某一困难时，一定要动动小手做个实验来进行对比，或者在网上查查有没有详细的讲解。通往成功的方法有很多，关键就看你愿不愿意去做。这是我个人的心得，虽然啰唆了点，但我希望对大家有所帮助。

Diffuse 调整好后，接下来就对 Specular（高光）进行调整。当对物体进行高光调节时，有时候我们会想为什么要给这个物体添加高光，解决这个问题的方法就是观察现实中和这个物体相接近的东西或者上网搜索。凡是差不多的物体都会有高光，只是高光的强弱不一样，不同的物体就选择不同的高光方式。高光还是体现质感的重要环节，其中包括对物体表面光的线状、点状和面状的反射（高光是反射的一部分，反射包含着高光）。正确的高光处理首先要确

图 7-24

定光源的位置，这一点尤其重要。玫瑰花花瓣有光泽并且明亮，注意图 7-24 画红圈的位置，都带有光泽度且花瓣明亮。

经过对高光的分析，我想对于为什么要对玫瑰花设置高光这个问题我们应该有所了解了，再加上玫瑰花瓣本身就带有高光的属性，所以这时脑海里十万个为什么也应该有答案了。

图 7-25 是高光的参数分析。先调节 Weight 的值，这个值影响高光的强弱，数值越大高光就越强，反之越小。这个时候如有不明白，可以动动手做个测试，当 Weight 值设为 0.1 时，出现大面积有其他颜色的混合，其中白色尤为显眼（图 7-26 左），这个时候不要认为自己做错了，这属于正常情况，有其他颜色的混合也就证明了，刚刚在上半部分分析高光时说的高光是属于反射的一部分，所以花瓣上面黄色的颜色是玫瑰反射天空光的环境色而渲染出来的。而 Color 影响着高光的明暗显示情况，在 Color

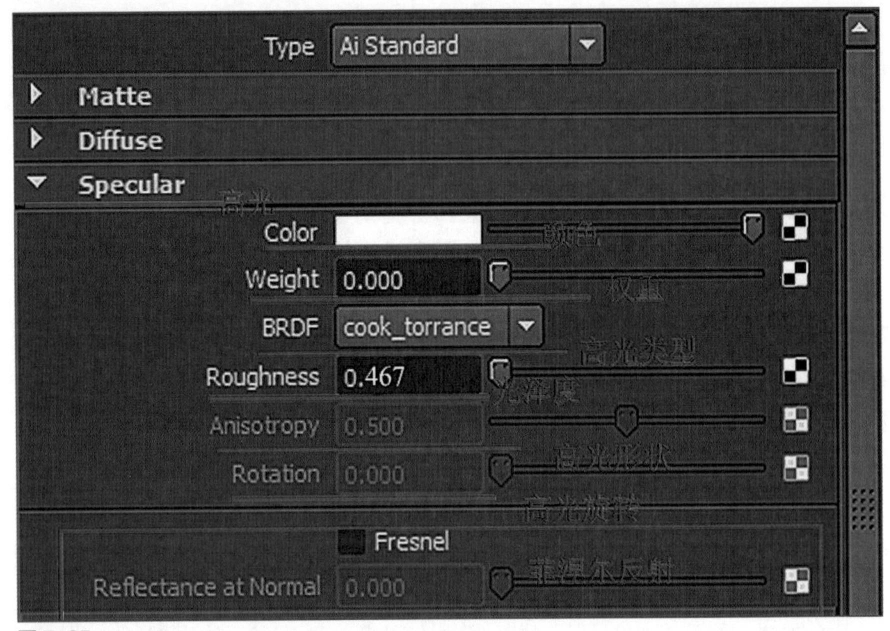

图 7-25

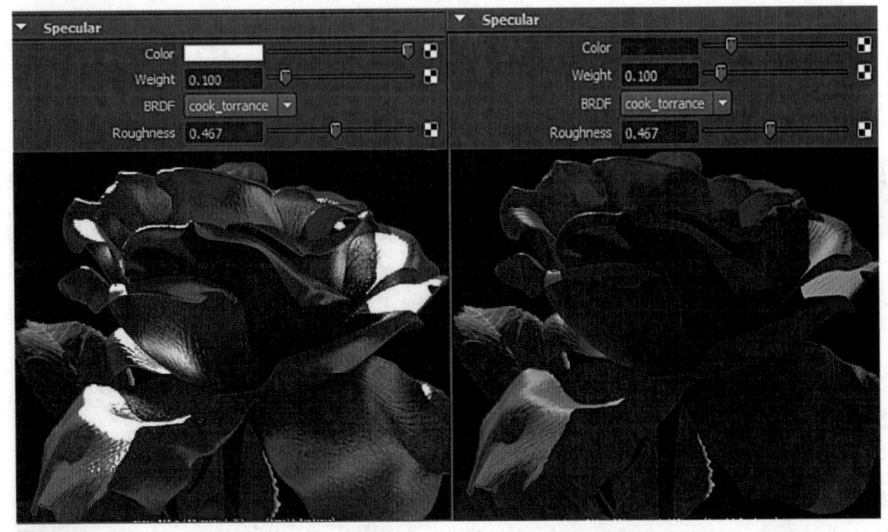

图 7-26

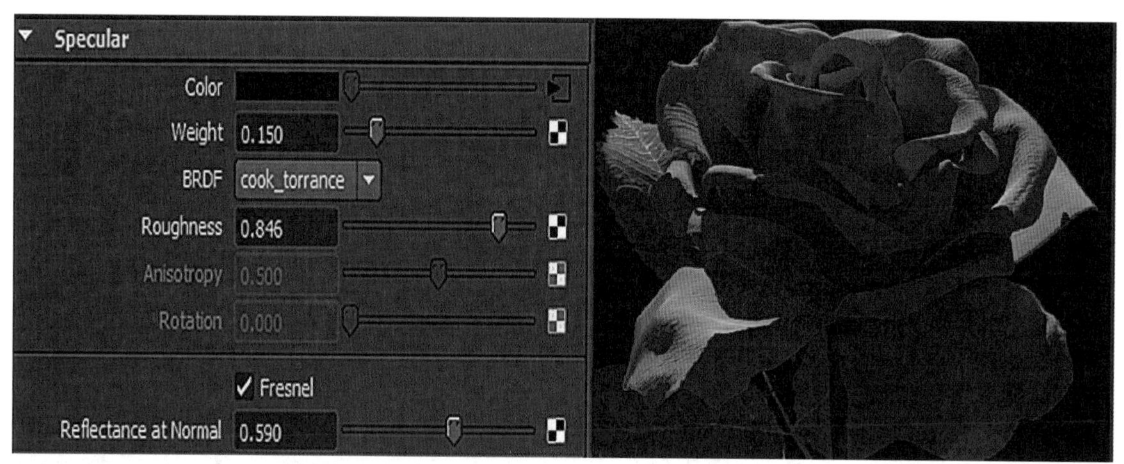

图 7-27

默认的情况下，出现大量的白色和环境色，而当把 Color 的亮度降低时，白色会减少，而黄色则不显示了（图 7-26 右）。如果你还是没理解的话，可以去做一个对这几个参数的测试实验。

对比图 7-26 右图和图 7-23 左图，明显图 7-26 右图比图 7-23 左图好看了许多，并且更有质感了。

接下来我们要做的就是为 Color 添加一张高光贴图，这里用高光贴图的作用是更进一步地控制高光的效果。高光贴图制作的方法有很多，可以用 CrazyBump 这个软件来生成，在某些情况下可能还需要手绘来加强其效果，也可以借助其他三维软件的帮助，如 ZBrush、Mudbox 等。图 7-27 为高光的效果图。

对 Roughness 进行调整是因为 Roughness 属于光泽度（光泽度是镜面反射，反映物体表面的粗糙度），而之前在说玫瑰花瓣的性质时，花瓣有光泽并且明亮，这时你可以借助之前的玫瑰参考图，观察玫瑰花瓣的光泽，会发现玫瑰的光泽度其实没有很聚集，而是模糊的。而这种模糊的光泽度是因为玫瑰花瓣质厚有皱纹。粗糙的物体如砖头、瓦片、泥土等，受光面大，所以高光和光泽度就较低；而平滑的物体如玻璃、瓷器、金属等，受光面小，高光和光泽度相对来说就较高（图 7-28）。

勾选 Fresnel 后反射强度会与物体的入射角度有关系，入射角度越小，反射越强烈。当垂直入射的时候，反射强度最弱。使用这个值的原因是 Fresnel 反射会使材质显得与真实世界的现象更接近。

图 7-28

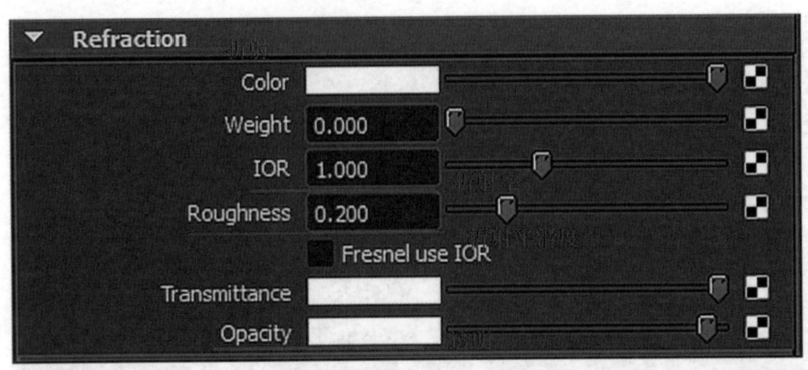

图 7-29

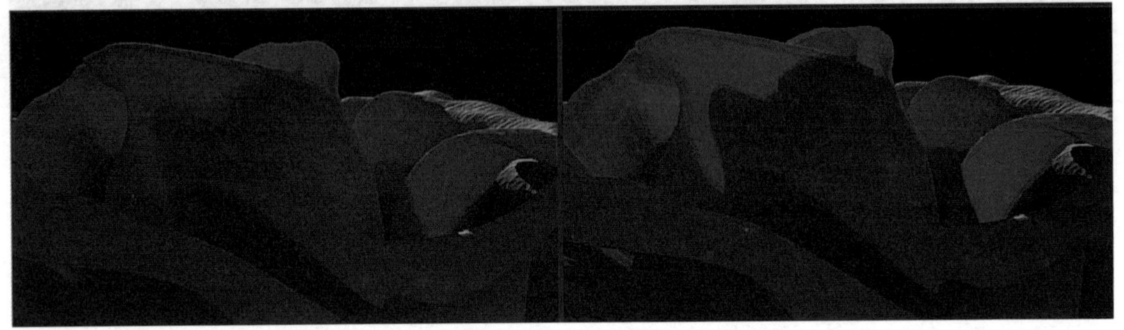
图 7-30

下面对 Refraction（折射）进行调整，调整折射的原因是折射与透明有着密切的关系。自然界的大多数物体通常都会遮挡光线，当光线可以自由地穿过物体时，这个物体肯定就是透明的。在前面部分对玫瑰花的性质进行分析时也说了透明的原理，所以我们就需要对其材质进行透明设置。图 7–29、图 7–30 是调整后的 Refraction 参数详情及效果对比图。

其中 Opacity 的调整，还需将物体在属性编辑器里面的 pCylinderShape3 节点下的 Arnold 区块中的 Opaque 取消勾选，如图 7–31，才能渲染出半透明的感觉（注：更改这个参数时，必须是选择单个物体依次取消勾选，不能选多个或整个物体对其进行取消勾选）。

图 7-31

接下来对凹凸贴图进行讲解，因为玫瑰花瓣质厚有皱纹，如果直接把皱纹表现在模型上面，不仅费时费力还不易调整，所以这里就以贴图的方式对皱纹进行表现。在本章第二节就对凹凸贴图的制作和作用进行过说明，这里就不再阐述，就简要地说一下凹凸贴图的连接方法，如图 7–32。

做到这一步，材质的调整就快接近尾声了。接下来就对最后一个区域3S进行调节，有人会疑惑3S是什么，其实3S就是专做人体皮肤的，具有透光的效果，真实感比较强，也可用于其他具有3S属性的物体上。Arnold自带的Shader中有两个可以实现次表面散射效果，一个是做皮肤专用的Ai Skin Sss，另一个就是通用的Ai Standard（材质球）。这里我们就选择Ai Standard的3S进行调节，这个材质调一般的3S属性就足够了。图7-33就对Ai Standard的3S参数面板进行了说明。

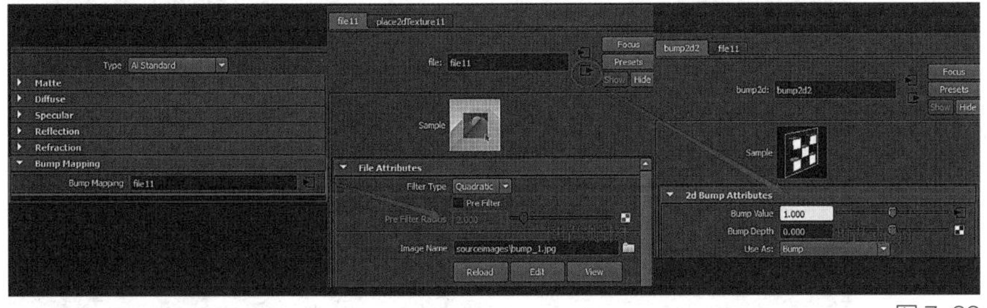

图7-32

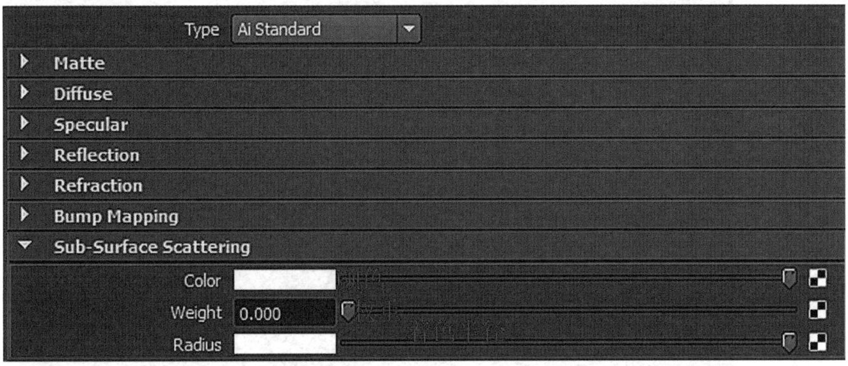

图7-33

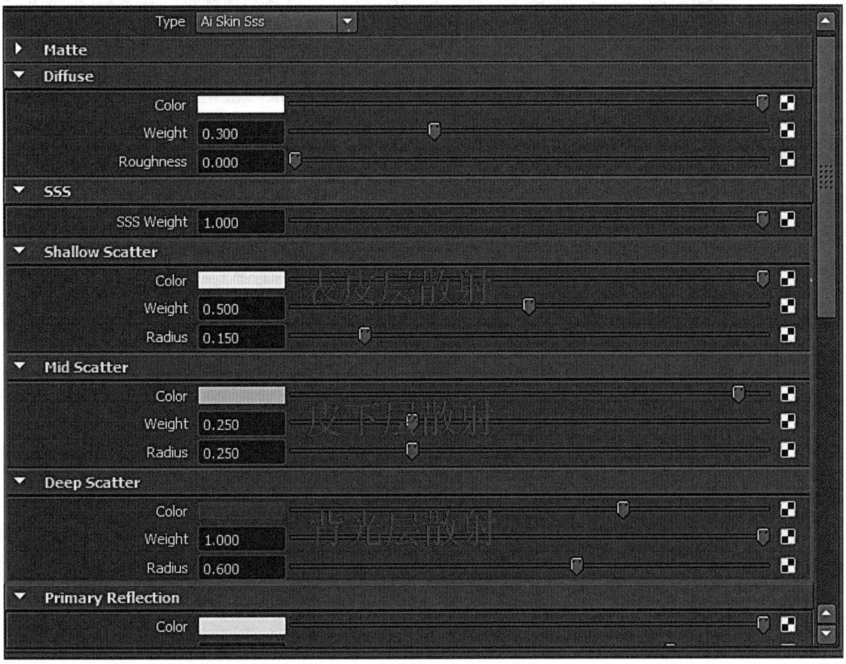

图7-34

这时你对比Ai Skin Sss材质的参数面板（图7-34），你会发现Ai Skin Sss的参数明显比Ai Standard的3S参数多很多。所以如果就可控性来说的话，Ai Standard的3S不如Ai Skin Sss的控制性高，它基本上就是Ai Skin Sss中三层的浓缩版。其中一点要注意的是Ai Standard的3S中的Radius这个参数值里面的RGB这三个值，分别对应Ai Skin Sss中三层的Shallow Scatter，Mid Scatter和Deep Scatter，也就是说Radius是Ai Skin Sss中3S的分量半径。

玫瑰也有表皮组织，所以在Color（颜色）上我们使用了同一张漫反射贴图连接到次表面散射的颜色上，然后对其权重设置为 0.35，以此来得到一个 35% 的 3S 效果，最后把分量半径的值适当地调动，如图 7–35。

现在玫瑰花的材质调整就算基本上完成了。花茎和叶子没多少可调的，给上颜色贴图就能出效果，唯一不同的是叶子有法线贴图，其实法线贴图和凹凸贴图的连接方法一样，不同点就是在 Bump 属性下的方式里面要选择切线空间法线。（图 7–36）

做到这一步时，不要以为完结了。如果你足够细心的话，你会发现现在花瓣上的影子很实，并且渲染出的效果图还有很多噪点，这个时候就应该想到是灯光的原因，需要找到灯光然后对阴影和采样进行设置。（图 7–37）

图 7–35

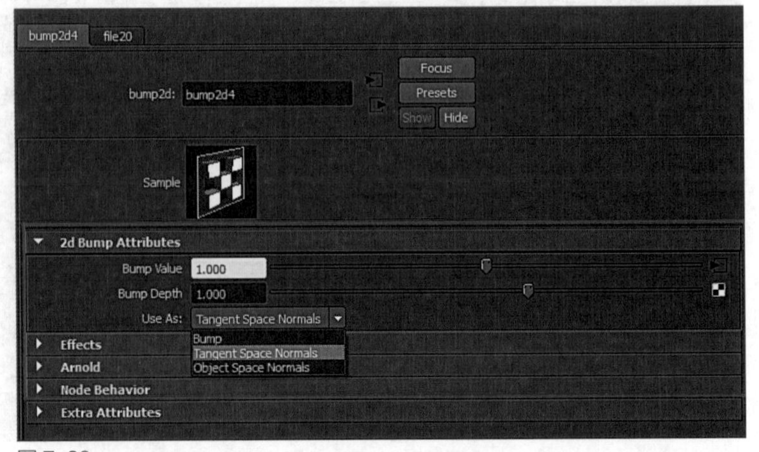

图 7–36

平行光
天光
Angle:0
Samples:1
Samples:1
平行光
天光
Angle:5
Samples:3
Samples:3

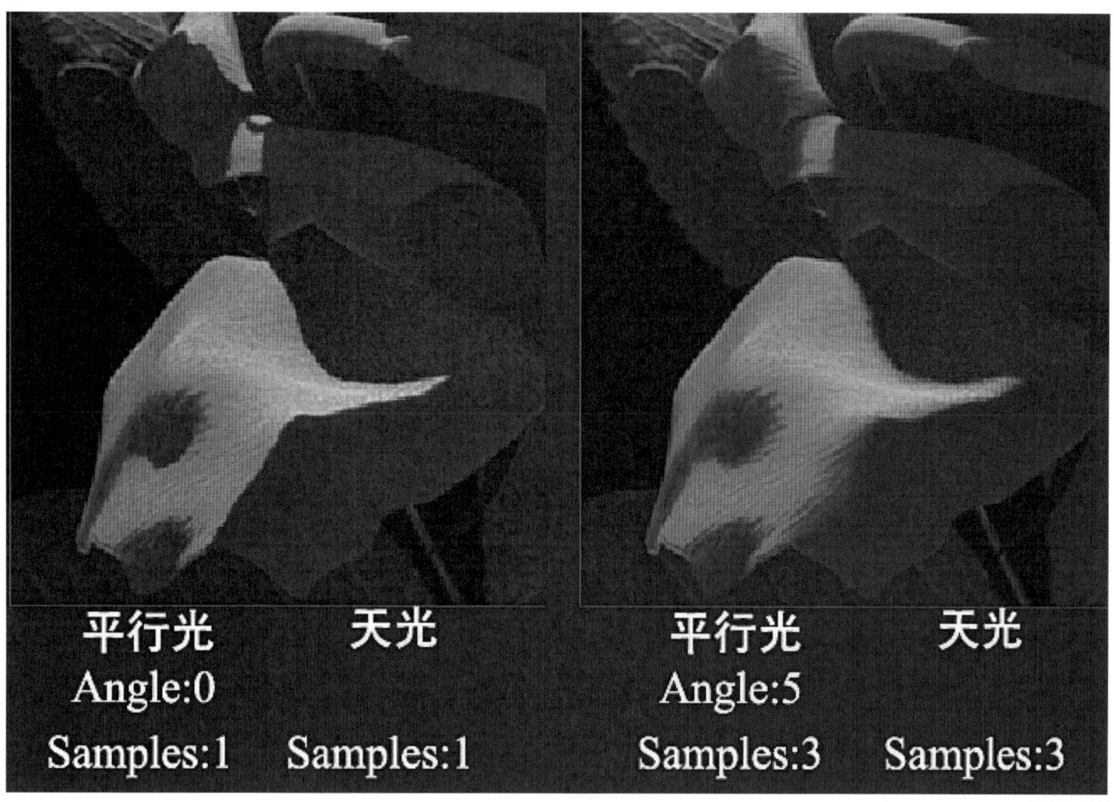

图 7-37

现在就可以为玫瑰花进行整体渲染了，打开渲染器，分别对最终渲染进行采样的设置（图 7-38 上），其中 Camera（AA）是对所有物体进行采样，Indirect Diffuse 是对漫反射进行采样，Indirect Specular 是对高光进行采样，Refraction 为折射采样，SSS 是对 3S 效果进行采样。这几个值的增加对所渲染物体的质量来说相对会高很多，并且会很细腻，但是这几个值的增加也会大大增加渲染的时间。最后对 Ray Depth（光线深度）进行设置（图 7-38 下），光线深度控制的不是场景的采样，而是控制几次反弹。Total 是它们的总和，如果 Indirect Diffuse，Indirect Specular，Reflection 和 Refraction 的值加起来大于 Total 的值，那么所修改的参数就不会对场景起任何作用。这里把 Indirect Diffuse 进行了 3 次

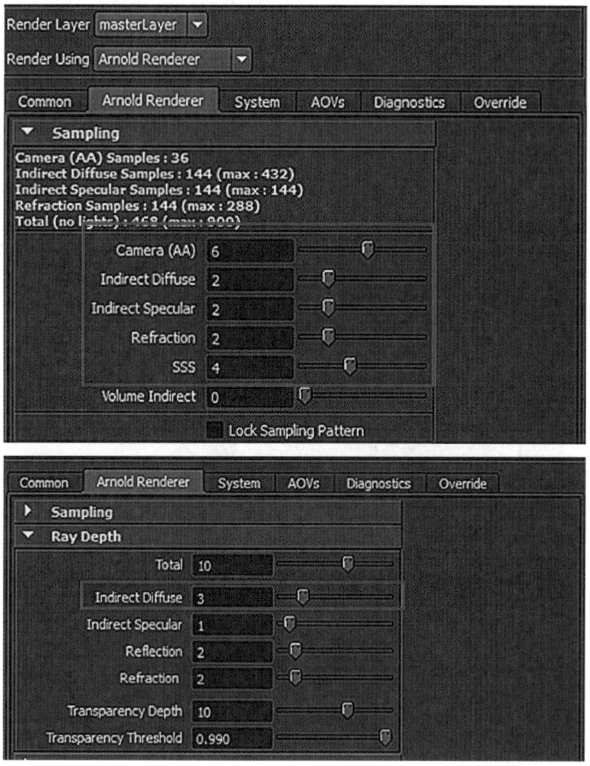

Render Layer masterLayer
Render Using Arnold Renderer
Common
Arnold Renderer
System
AOVs
Diagnostics
Override
Sampling
Camera (AA) Samples : 36
Indirect Diffuse Samples : 144 (max : 432)
Indirect Specular Samples : 144 (max : 144)
Refraction Samples : 144 (max : 288)
Camera (AA) 6
Indirect Diffuse 2
Indirect Specular 2
Refraction 2
SSS 4
Volume Indirect 0
Lock Sampling Pattern
Common
Arnold Renderer
System
AOVs
Diagnostics
Override
Sampling
Ray Depth
Total 10
Indirect Diffuse 3
Indirect Specular 1
Reflection 2
Refraction 2
Transparency Depth 10
Transparency Threshold 0.990

图 7-38

间接漫反射，是为了使玫瑰花更亮。

本章主要讲解了灯光方面、材质漫反射、高光、凹凸、SSS等。其中所说的半透明的应用，也可以用于其他物体上，如纸、蜡等。如何灵活运用就看大家自己的理解和掌握了。

关于玫瑰花渲染，差不多就收笔了。希望本章的内容或多或少对你有所帮助。本章虽然有很多处花了浓重的笔墨说材质和光线，却远未达到面面俱到的程度，这是因为在有些现象上，我自己也没有找到一个合适的答案，还有就是篇幅的原因，这些都很难做到面面俱到。

最后一定要知道一幅渲染出来的图像其实就是一幅画面。在模型定位后，光源和材质决定了画面的色调，而摄像机就决定了画面的构图。如果费了好大的劲制作好了模型，设置好了灯光，最后把很难调的材质也调好了，本来应该有个好的渲染结果了，却因为摄像机的镜头运用不当，使画面缺少了舒适感和美感。如果在编辑材质时忽略了光的作用，就很难调出有真实感的材质。因此在对材质属性进行编辑时，必须考虑到场景中的光源，并参考基础的光学现象。有时候也不能一味地照搬物理原理，毕竟艺术和科学之间还是存在差距的，真实感和唯美感也不是同一个概念。但是如果在科学的基础上进行艺术的渲染，那么我想应该是一幅很棒的画面。

图 7-39 为最终效果图。

图7-39

第八章
字母 Logo 渲染

本章导读

通过本章的学习，读者将学会为简单的栏目包装设置光照效果，掌握不同材质物体的不同受光表现。

精彩看点

为灯光颜色使用色温。

第一节 简单场景的不同材质分析

第一步：前期需准备模型、软件（Maya 和 Arnold 渲染器）。

第二步：材质贴图。

图 8-1 是没有赋予材质的场景。

接着是为模型分 UV（UV 可以在 Maya 里面分，也可以在其他插件里分，这里推荐 Unfold 3d 、UPlayer）。

UV 接缝一般放到模型背面、不明显或转折的地方。（图 8-2）

图 8-1

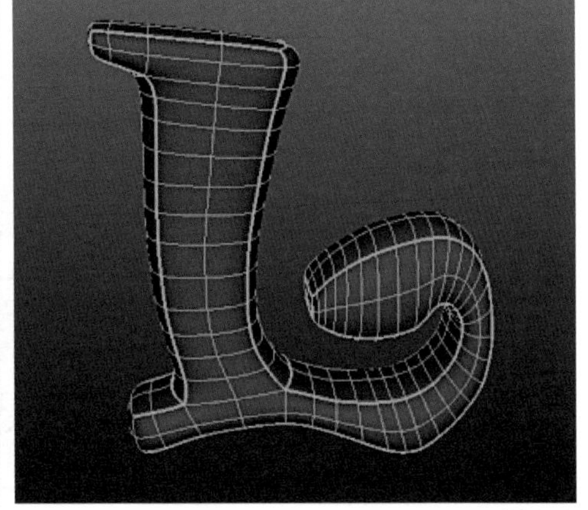

图 8-2

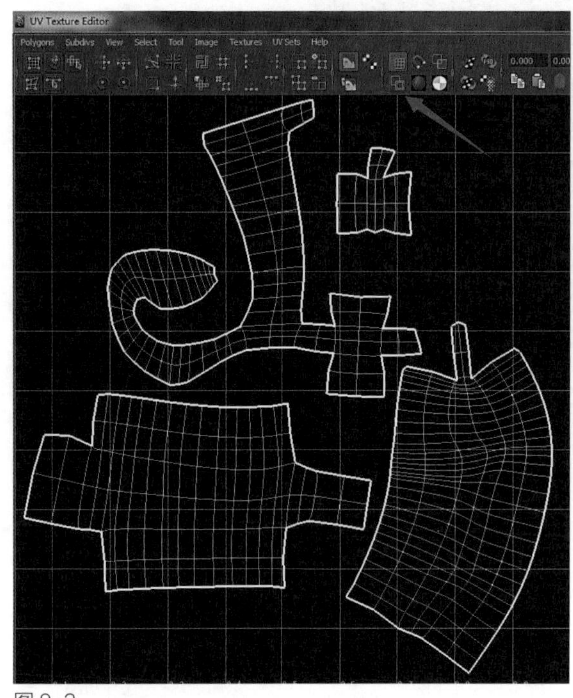

图 8-3

图 8-4

在 UV 编辑器里，这个命令可以很好地查看 UV 边界线。（图 8-3）

其他模型也大致相同，用同样的方法把 UV 展开（太简单的、觉得没必要展 UV 的可以不用展）。

接着是为模型画贴图，因为字母模型比较简单，可以直接给它一张颜色贴图，其他礼品盒子等需要给一些纹理，要仔细地做一下。在观察贴图的时候，最好还是用 Lambert 材质球观察，渲染的时候换成 Ai Standard。（图 8-4、图 8-5）

图 8-5

第三步：灯光测试。

创建一个摄像机，构好图后就可以测试灯光了。

一张好的构图一般有稳定的前后深度、主体明显，以图 8-6 这个场景为例，能感觉到这个场景的空间关系很强，构图美观，原因是物体有遮挡、疏密、前后等关系，最前面的是气球，最后的是几个盒子；有直与曲的对比，气球的

图 8-6

绳子与最上面彩旗的绳子；有方与圆的对比，礼品盒子与气球。而这些变化都是为了突出主体，并且主体的位置必须在画面中间偏上一点点，主体不仅在画面中占有空间大，而且颜色也最为突出。（图 8-6）

之后需加灯光，第一个加入环境光，选择 Arnold 属性下的 SkyDomeLight Attributes，在 Color 那里贴一张 HDR 图，Use Color Temperature 那里根据场景的需要开启，一般可以不用开。（图 8-7）

然后加入面光源，调节它的参数，Exposure 曝光强度设为 3.248，这个值要根据面光源到场景的远近来定。Samples 灯光采样不要开得太高，因为在最后的渲染面板里也有一个 Samples，一般情况是把渲染面板的灯光采样开高一些。Resolution 是阴影的质量，这个值越高，阴影的分辨率越高，相对的渲染时间就越长。（图 8-8）

图 8-9 是灯光效果图。

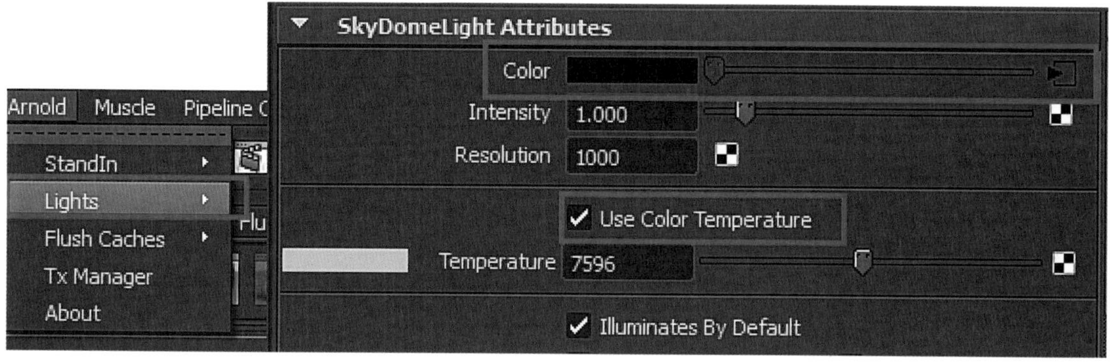

图 8-7

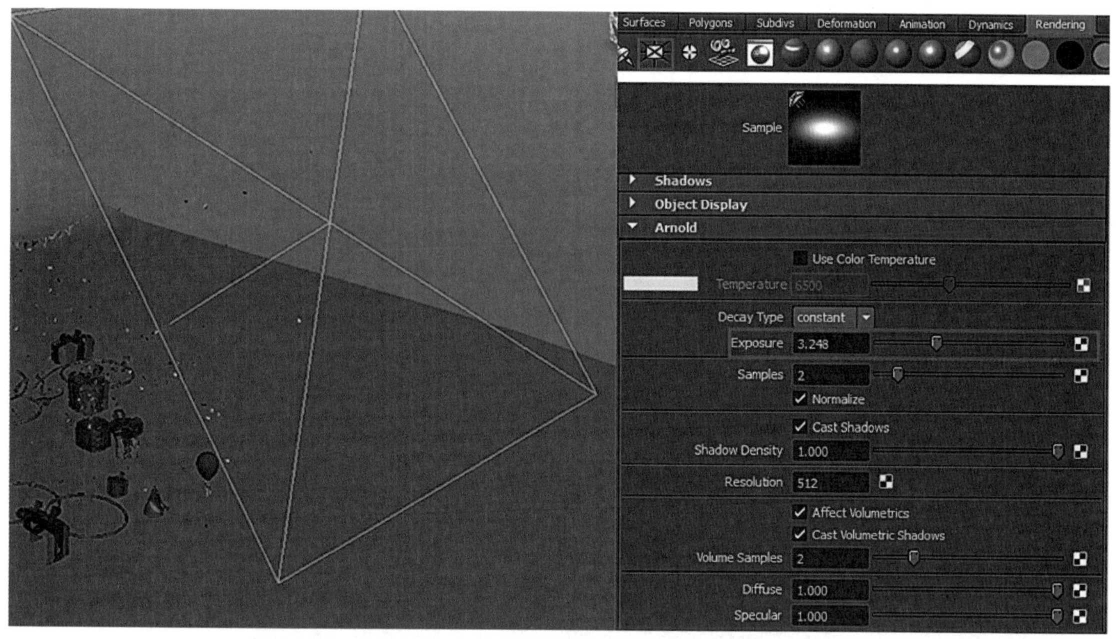

图 8-8

图 8-9

第二节 不同物体的材质表现

调节材质的细节，在 Diffuse（漫反射）里，给这字母的 Color 一张 JPG 格式的颜色贴图，Diffuse 的 Weight 权重值默认为 0.7，若感觉贴图有点偏暗，可以把权重值调高（这个值如果为 0，这个模型就会是黑的）。Roughness 是漫反射的粗糙度，当这个值越大时，漫反射出来的光线就会变少。Backlighting 是背光，它可以在模型的背面有一点反光。

给字母调一些高光，在 Specular 里把 Weight 值调高一点，有点高光能看到就可以了，太强了就会出现全身都是高光。高光颜色可以是环境的颜色，颜色值越大，颜色在物体上就越明显，反之亦然。对于这个模型而言，Roughness 值 0.467 就足够了，值越小镜面效果越强，高光越聚集，反之则镜面效果越弱，高光越分散。（图 8-10）

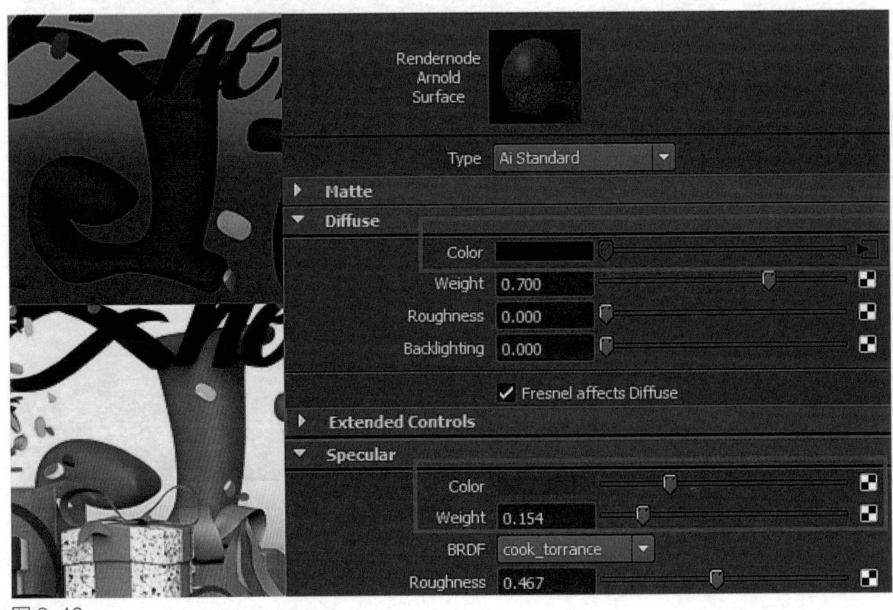

图 8-10

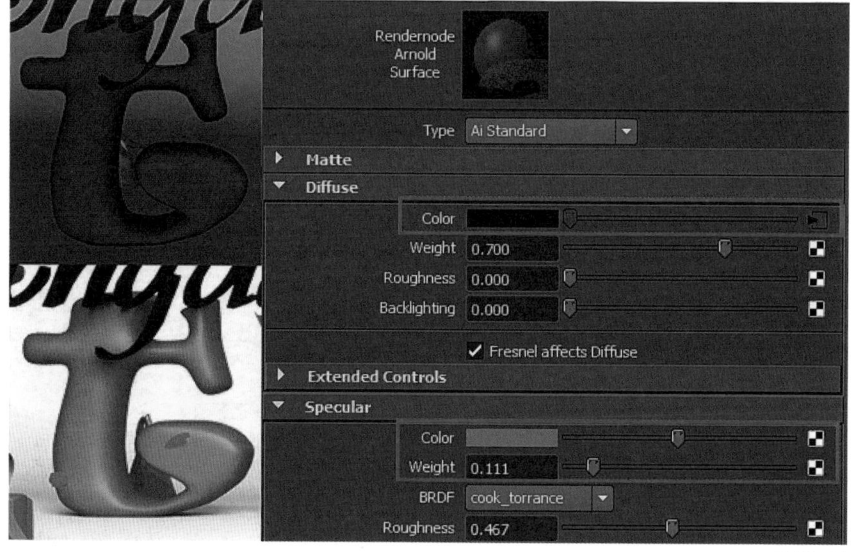

图 8-11

图 8-11 这个字母的 Specular 高光 Color 要强一些，有点油油的感觉。

图 8-12 这个字母的高光最弱，但是能感觉到有一点，它的 Weight 权重值为 0.162，Color 就比较小。（要调出很好的材质，必须仔细，还可以通过几张黑白贴图来控制，其他几个字母也是这样调的）

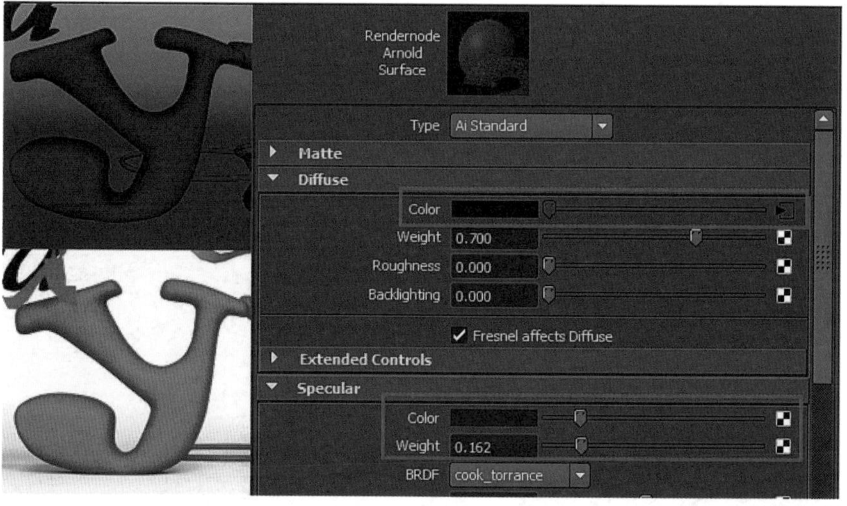

图 8-12

图 8-13 中的呼啦圈是塑料材质的，有点高光，但能感觉到不是很强，在 Specular 里，它的 Weight 值为 0.085，Color 偏中间一点。

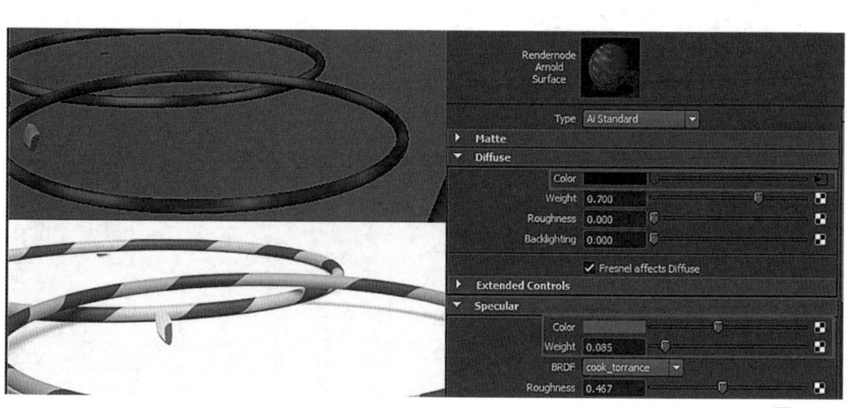

图 8-13

图 8-14 这个彩带是有点类似塑料纤维的布料，高光较低，在 Specular 里，与呼啦圈的值是一样的，而那个三角锥只是没有高光。

图 8-15 这个盒子没有高光，比较粗糙，因为 JPG 的颜色贴图上有很多纹理信息，所以其他值都没调，上面的带子改了一些高光，在 Specular 里 Color 不是很强，而 Weight 值为 0.103，比较强。

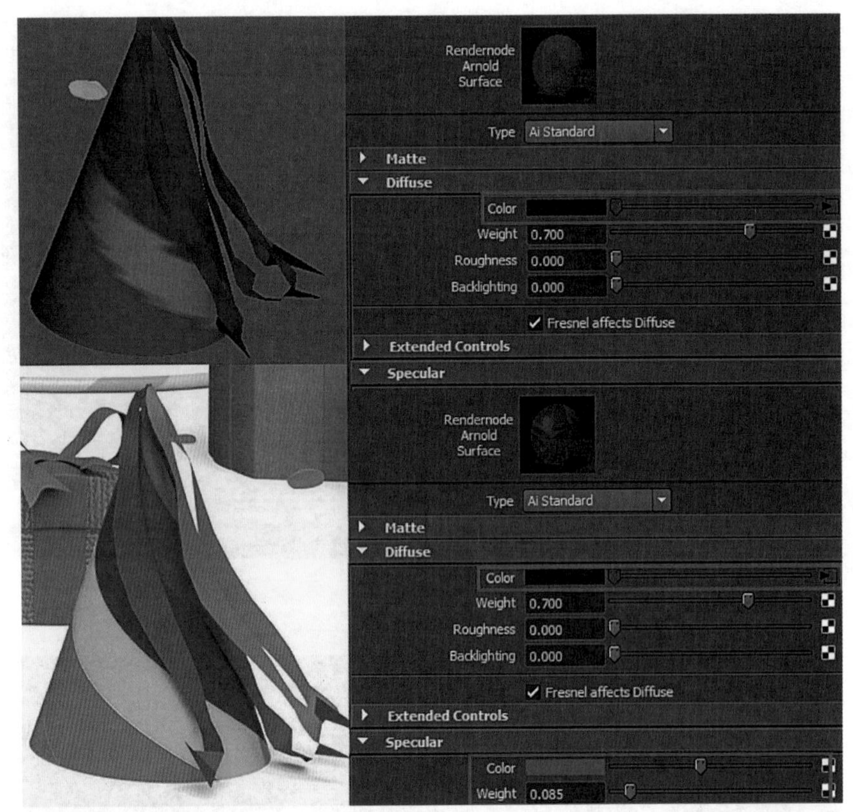

图 8-14

图 8-15

图 8-16

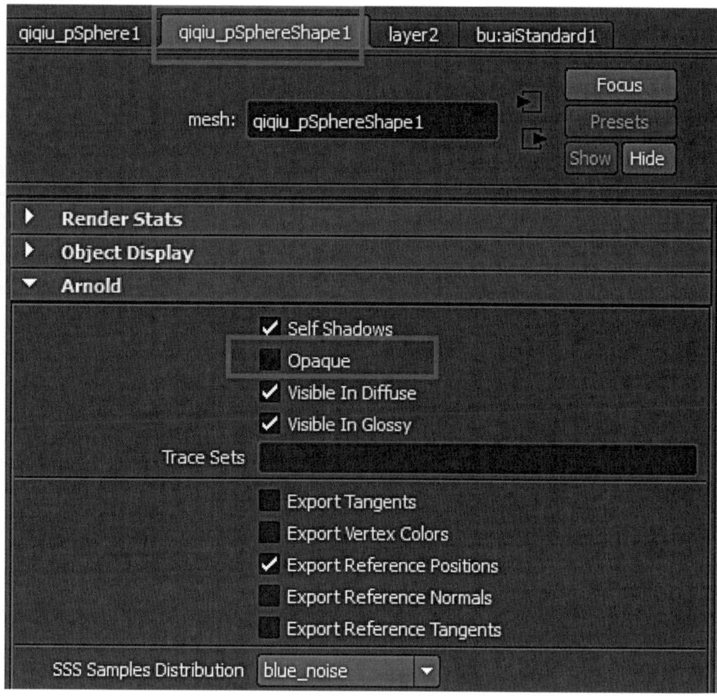

图 8-17

图 8-18

图 8-16 这个气球的调整步骤就要多一些，气球的材质不仅有高光，还有一些透明，要真正的透明，必须把 pSphere Shape1 里，Arnold 里的 Opaque（不透明度）取消勾选。（图 8-17）

在 Specular 里，Color 的值偏中间靠右点，Weight 值为 0.342，是这个场景中最亮的物体。Refraction 是折射，因为是气球不是玻璃，IOR 折射率设为 1，Roughness 为粗糙度，Transmittance 为透射率，Opacity 重点是不透明度，我们需要在这个不透明度上加一个 Ramp 节点，如图 8-18。

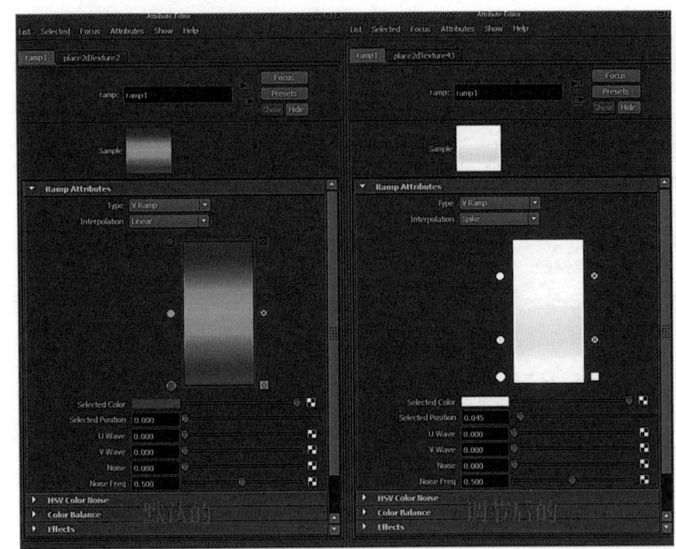

图 8-19

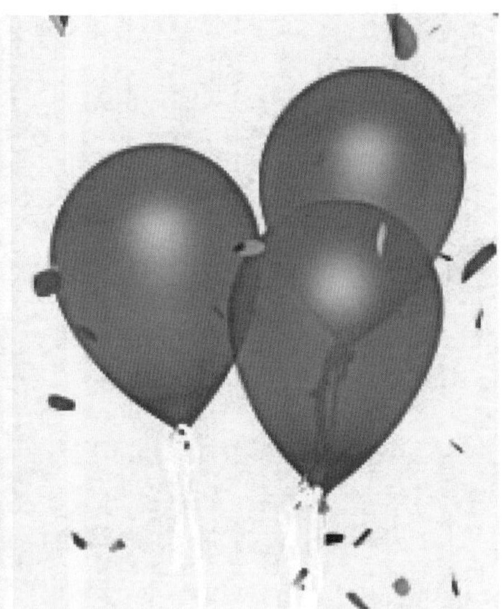

图 8-20

气球的不透明度要多次调节，这时我们用 Ramp 里面的黑白灰来控制气球的不透明度，黑是完全透明，白是不透明，灰色是半透明，为了模拟真实的气球，可以把 Ramp 这个节点换为黑白灰的贴图。（图 8-19）

图 8-20 为调节后的效果。

接下来进行渲染设置，点击渲染设置菜单。在 Render Settings 里选择 Arnold Renderer，然后在 Renderable Cameras 属性下选择一个摄像机，再在 Common 菜单栏下 Image Size 里的 Presets 选择一个渲染尺寸，也可以在下面的 Width 与 Height 内自定义输入数字，然后调节 AA Samples 采样，一般情况下，它的值设为 6 就已经渲染得很好了。其他几个值可以调低一点。（图 8-21~ 图 8-24）

图 8-21

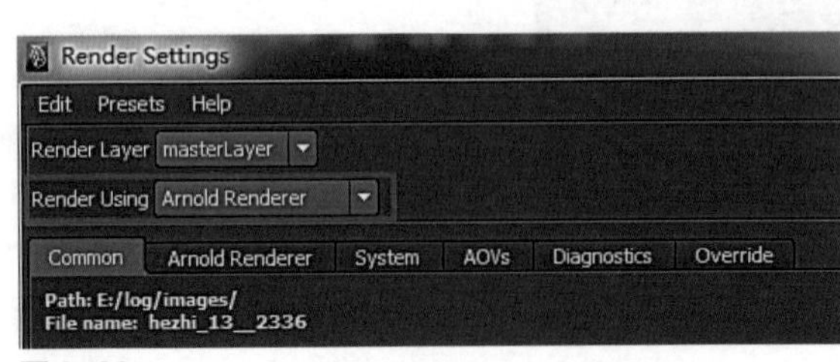

图 8-22

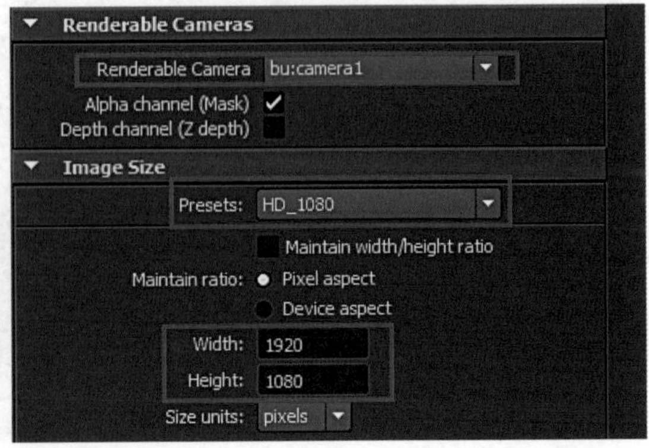

图 8-23

在 Diagnostics 选项下，将 Error Handing 属性里的 Abort On Error 取消勾选。假设勾选上，场景中有一点点错误就会停止渲染。（图 8-25）

要达到最终渲染效果，需细心地调节各自的参数。渲染过程是一个漫长的过程（最终效果用了 2 小时，因为 Arnold 渲染带透明的材质会很慢，所以只能耐心地等待），等待的时间长度会根据自己电脑的配置而定，如果电脑配置非常好，等待的时间也就没那么长。（图 8-26）

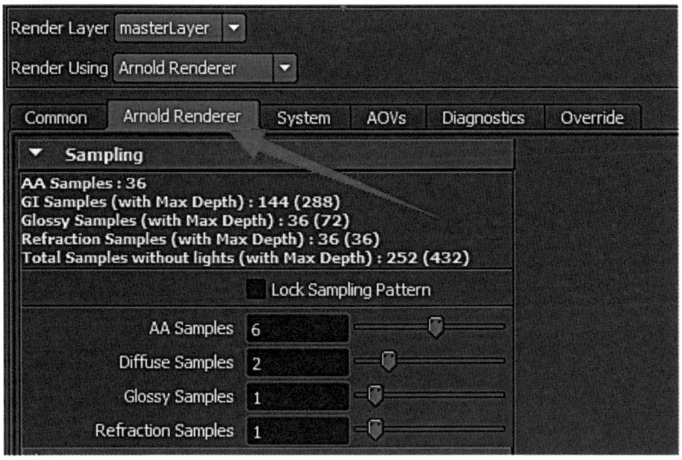

图 8-24

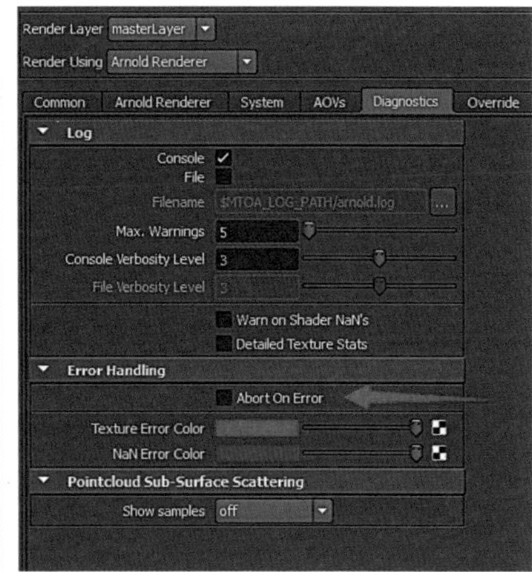

图 8-25

图 8-26

第九章 汽车渲染

本章导读

通过本章的学习，读者将学习汽车烤漆的渲染——使用 Sky Dome Ligh（天空光）渲染一辆跑车。

精彩看点

汽车烤漆材质的表现，用 HDRI 实现产品级照明效果。

第一节 用 HDRI 贴图测试场景光照效果

本章讲汽车的材质调节以及灯光渲染。首先在场景图 9-1 里面建立两个球体，分别命名为 A 和 B。用非常简单的模型来做测试，主要是为了加快渲染速度，调节材质参数的时候能迅速地看到模型的渲染效果，还可以很快地发现作为 HDRI 照明的贴图和作为反射环境的贴图是否合适。如果发现 HDRI 贴图整体光线色

图 9-1

调、曝光、环境不合适可以很快速地替换为适合当前场景的贴图，如果不这样做而直接为汽车模型调整材质，在渲染最终场景时来不断调整合适的贴图的话，会使渲染速度变得很慢，反复地调整、等待、调整、等待……不但效率得不到提升，还容易增加渲染的不稳定因素，而导致渲染时死机。

创建两个 aiStandard 材质，分别赋予 A 和 B 两个球体，然后点击 Arnold 天空光，Arnold-Lights-Skydome Light。（图 9-2、图 9-3）

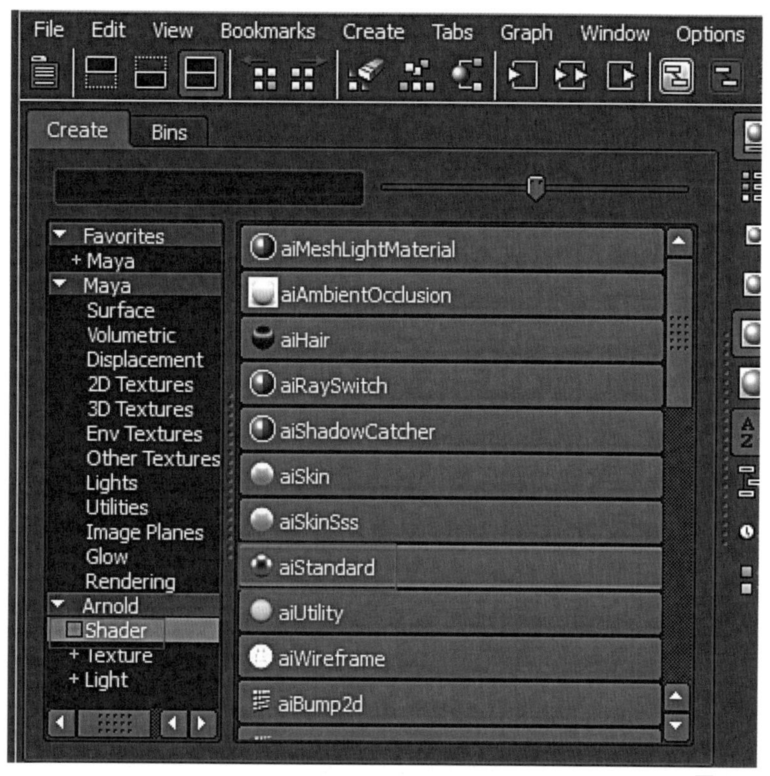

图 9-2

图 9-3

修改 B 的材质为镜面反射效果，模拟汽车漆材质。将 Color（颜色）改为黑色，Weight 设为 0（做镜面反射的效果必须将材质球的自身颜色改为黑色，避免和反射、折射发生颜色叠加的现象），将 Specular 选项下的 Weight 设为 1，Roughness 设为 0，在没有为 Skydome Light 添加贴图的情况下，Skydome Light 默认用白色照亮场景，如图 9–4。

为 Skydome Light 添加贴图。找一张 HDRI 贴图（高动态范围图像），图像尽量是室外开阔的场景，并且是 360° 的（图 9–5），可以包裹住整个场景。将这张 HDRI 贴图贴在 Skydome Light 的 Color 通道上，如图 9–6。

通过渲染可以观察到右边球体上能看到周围环境贴图，如图 9–7。

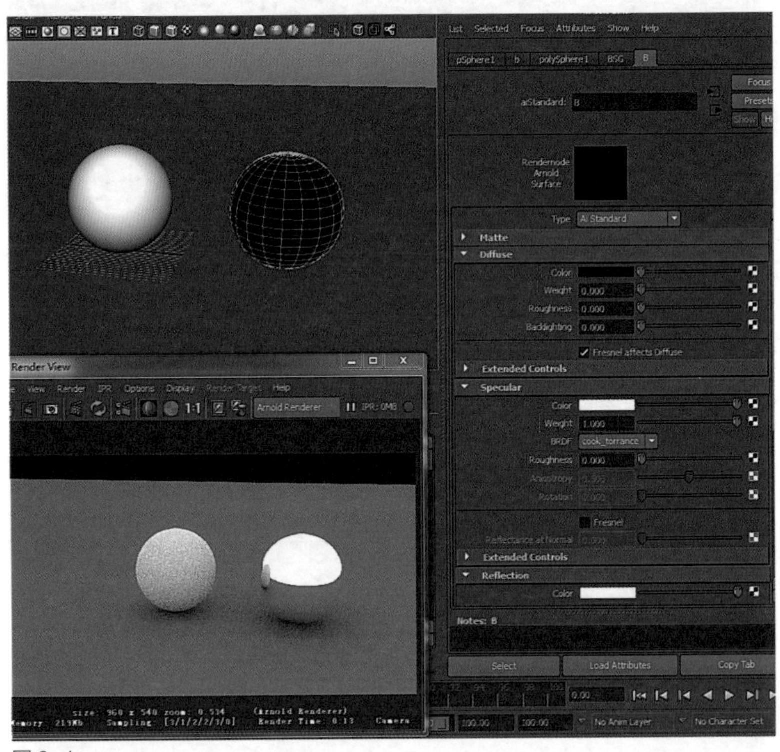

图 9–4

图 9–5

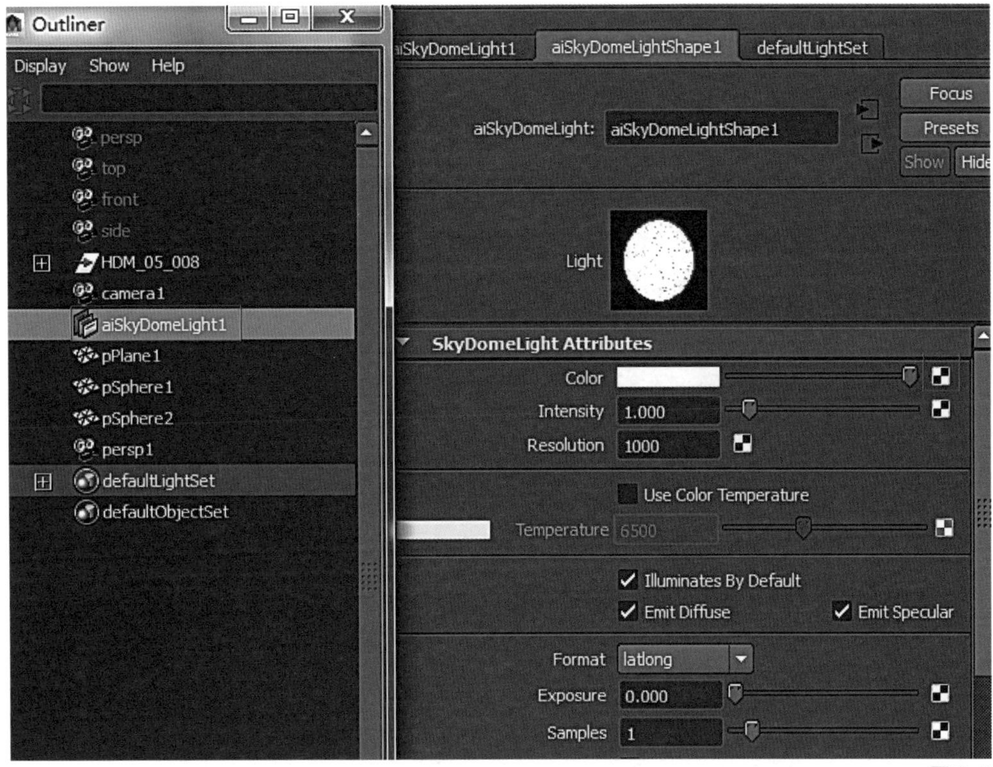

Outliner
Display
Show
Help
persp
top
front
side
HDM_05_008
camera1
aiSkyDomeLight1
pPlane1
pSphere1
pSphere2
persp1
defaultLightSet
defaultObjectSet
aiSkyDomeLight1
aiSkyDomeLightShape1
defaultLightSet
Focus
Presets
Show
Hide
aiSkyDomeLight:
aiSkyDomeLightShape1
Light
SkyDomeLight Attributes
Color
Intensity
1.000
Resolution
1000
Use Color Temperature
Temperature
6500
Illuminates By Default
Emit Diffuse
Emit Specular
Format
latlong
Exposure
0.000
Samples
1

图 9-6

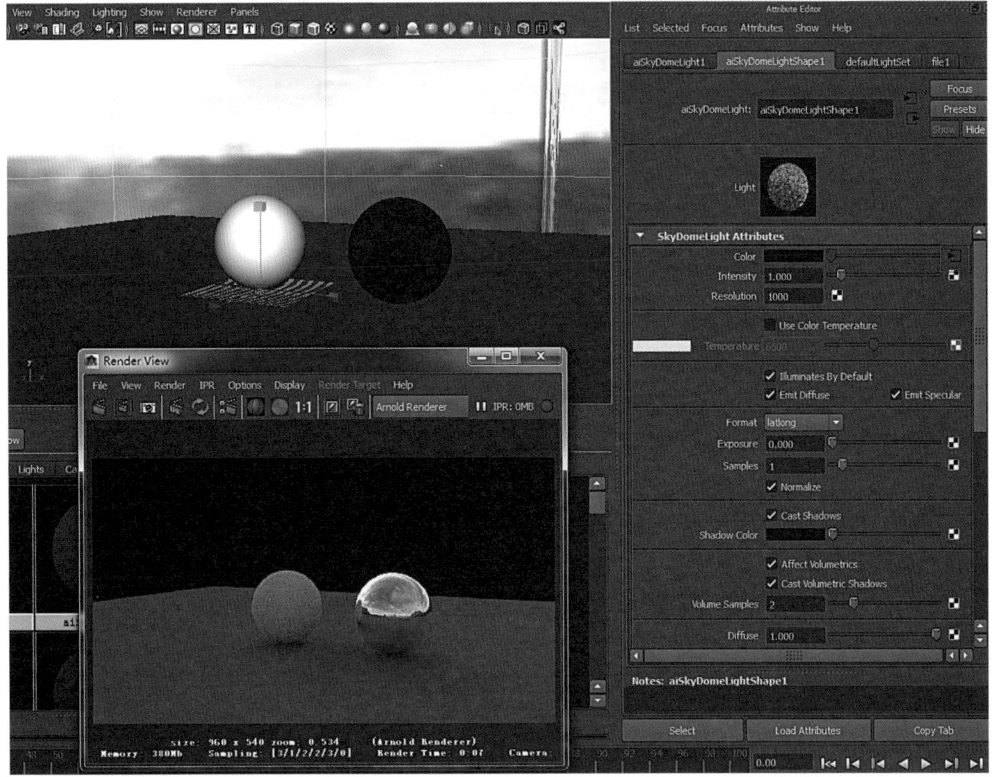

View
Shading
Lighting
Show
Renderer
Panels
Attribute Editor
List
Selected
Focus
Attributes
Show
Help
aiSkyDomeLight1
aiSkyDomeLightShape1
defaultLightSet
file1
Focus
Presets
Show
Hide
aiSkyDomeLight:
aiSkyDomeLightShape1
Light
SkyDomeLight Attributes
Color
Intensity
1.000
Resolution
1000
Use Color Temperature
Temperature
Illuminates By Default
Emit Diffuse
Emit Specular
Format
latlong
Exposure
0.000
Samples
1
Normalize
Cast Shadows
Shadow Color
Affect Volumetrics
Cast Volumetric Shadows
Volume Samples
2
Diffuse
1.000
Notes: aiSkyDomeLightShape1
Select
Load Attributes
Copy Tab
Render View
File
View
Render
IPR
Options
Display
Render Target
Help
Arnold Renderer
IPR: 0MB
Lights

图 9-7

最终渲染图片里背景是黑色的，环境图没有被渲染出来。我们进入渲染参数面板，找到 Environment 选项卡，在 Background 后面的黑白小棋盘格图标上点击鼠标左键，选择 Create Sky Shader，如图 9-8。

可以看到场景里面出现了两个“环境球”(图

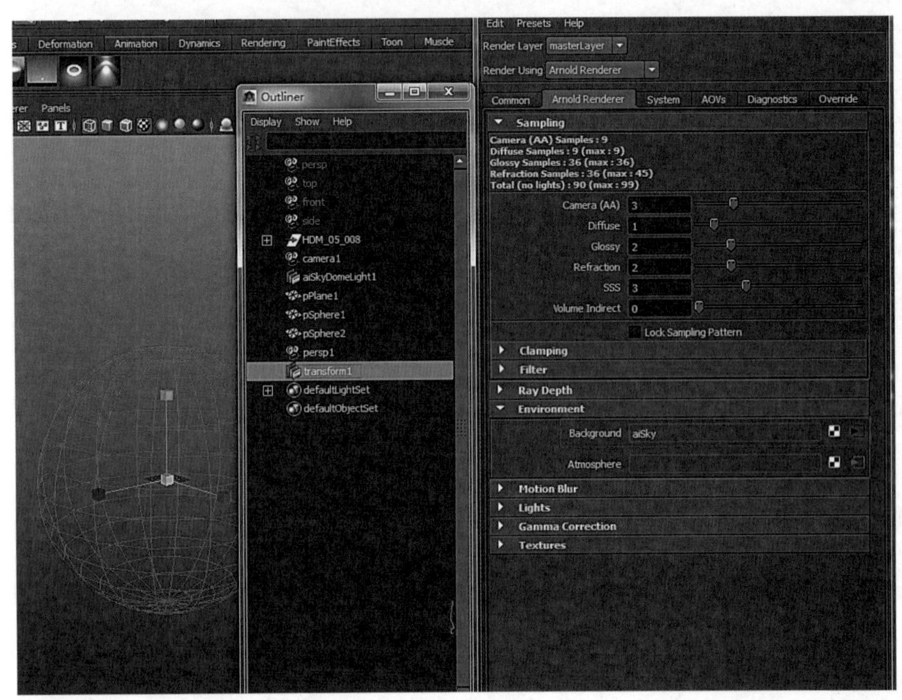

图 9-8

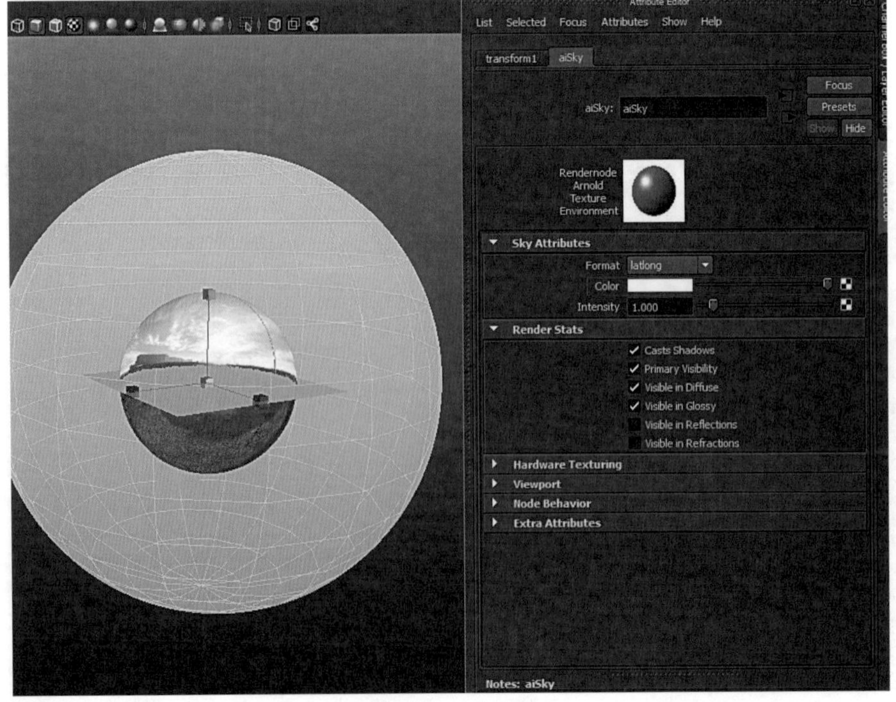

图 9-9

9-9）并在 aiSky 的 Color 上贴上之前那张同样的 HDRI 贴图，如图 9-10。

现在可以在渲染结果里看到背景图，如图 9-11。

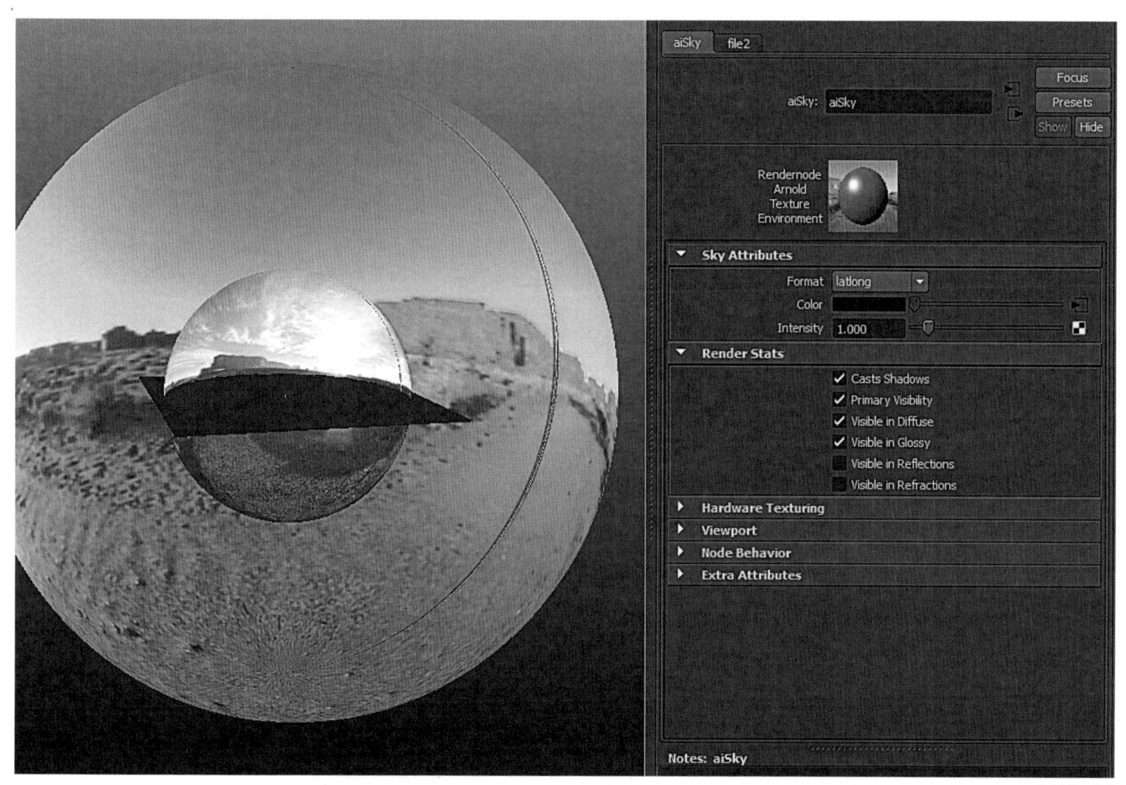

图 9-10

图 9-11

第二节 aiStandard 模拟汽车烤漆材质效果

现在正式进入汽车案例的讲解。首先，导入汽车模型，汽车模型可以在网上下载，也可以自己建模，如果在网上下载的模型是以“.max”为后缀名，表示是 3dmax 文件，需要将模型导出为 OBJ 或者 FBX 的文件，然后再导入 Maya，如果模型出现的是三角面，需要在 Maya 里将三角面转化为四边面，检查模型是否统一，再将模型缩放为真实汽车大小的比例，这样能使渲染计算更为准确。选择一个合适的角度做好构图，让主体物在画面视觉中心，使其构图饱满，如图 9-12。

给汽车各个部分添加 aiStandard 材质，车身设置为红色，点击渲染后效果如图 9-13-1 所示，汽车没有高光，挡风玻璃和车灯渲染也是不正确的，玻璃的问题我们后面再解决，先把汽车车身材质调整出来，把车身材质反射打开，并将权重值提高到 1，勾选菲涅尔反射，如图 9-13-2。

在这个阶段可以将 Maya 设置成四个窗口，

图 9-12

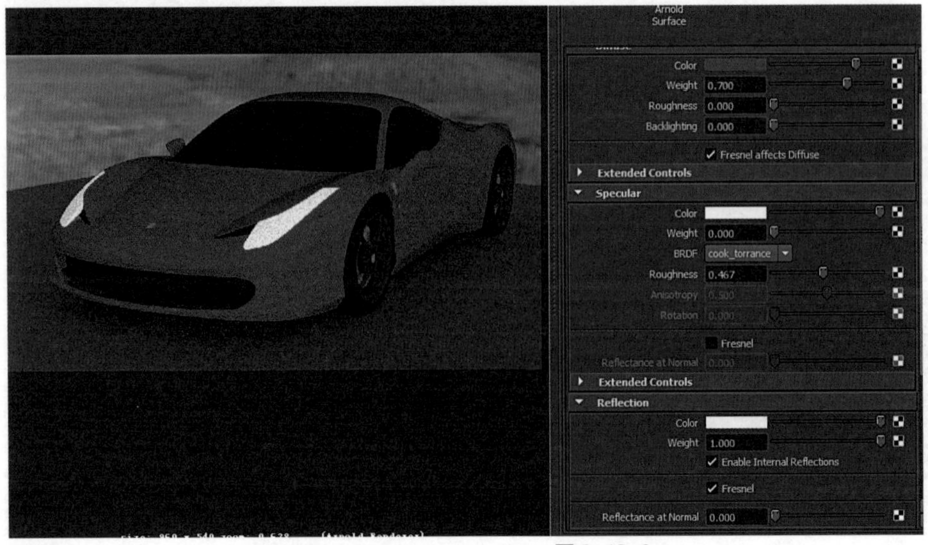

图 9-13-1　　图 9-13-2

分别是渲染窗口、透视图、大纲视图和材质编辑窗口，这样可以把你的注意力尽量集中在作品本身，快速观察调整参数，以提高工作效率，如图9-14、图9-15。

场景里有两个环境贴图的球体，小的是 aiSkyDomeLight 用来照明的，实际上是灯光，渲染出来是看不到这张图片的；外面这个大的 aiSky 是一张环境贴图，用来做反射用的，渲染出来能看见这张图。同时旋转两个球体，将图片里太阳发光的位置对准到你想要照明的地方，这里我们旋转到汽车前灯的位置，如图9-16。

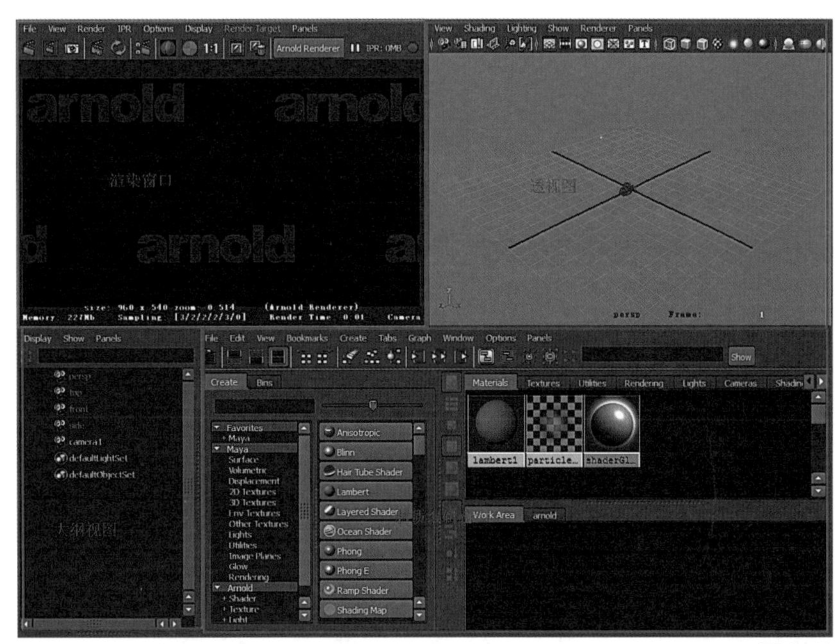

图 9-14

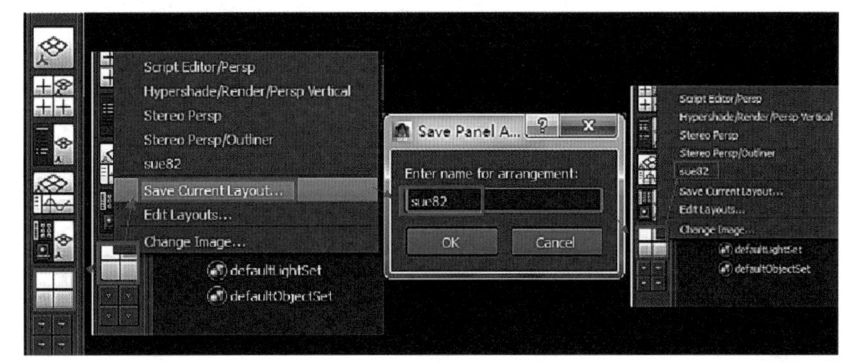

图 9-15

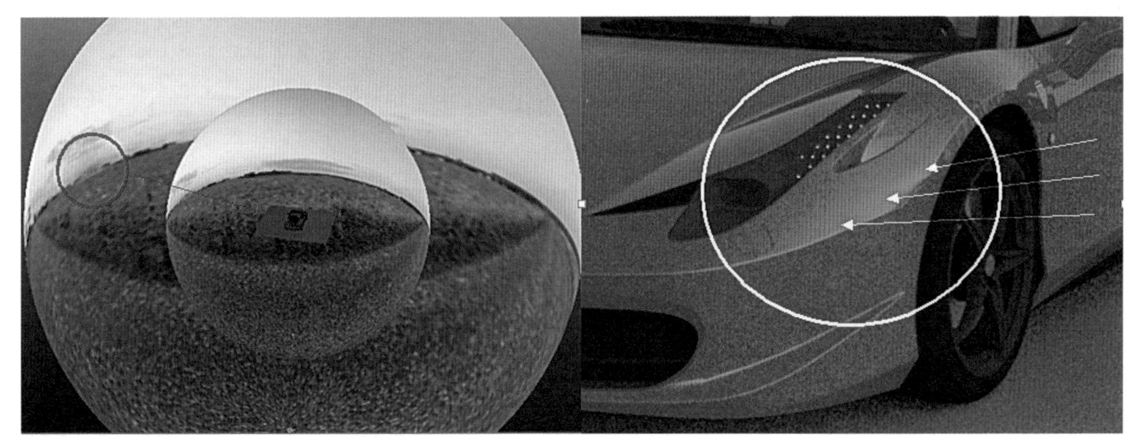
图 9-16

将创建好的aiSky（环境球）的Render Stats选项栏里勾选Visible in Reflections，这样就能在汽车表面上看到环境球这张图片了，如图9-17。

如果发现环境球曝光过度或者曝光不足可以修改环境球的Color Gain值，V数值就是用来控制曝光强弱的，默认V数值为1，要增加曝光可提高这个数值，要减少曝光可降低这个数值，这个数值比较敏感，建议每次调整以+/-1的幅度为参考值调整，如图9-18。

现在来解决玻璃的问题，让玻璃透明。首先，如果要做玻璃或者完全反射的效果，只要用Arnold渲染器渲染，模型的Opaque要取消勾选（可以在模型形态节点下Arnold栏找到这个选项），Diffuse值一定要关掉，不然会和玻璃的反射发生颜色叠加，从而影响最终效果，如图9-19。

然后将玻璃Reflection的Weight值设为1，勾选菲涅尔反射，Refraction的Weight值设为1。将玻璃的IOR（折射率）设为1.5，勾选Fresnel use IOR，将Color和Opacity颜色改为淡淡的蓝色。（图9-20）

调整汽车轮胎金属框材质，如图9-21。

本案例主要表现汽车烤漆材质的效果，可

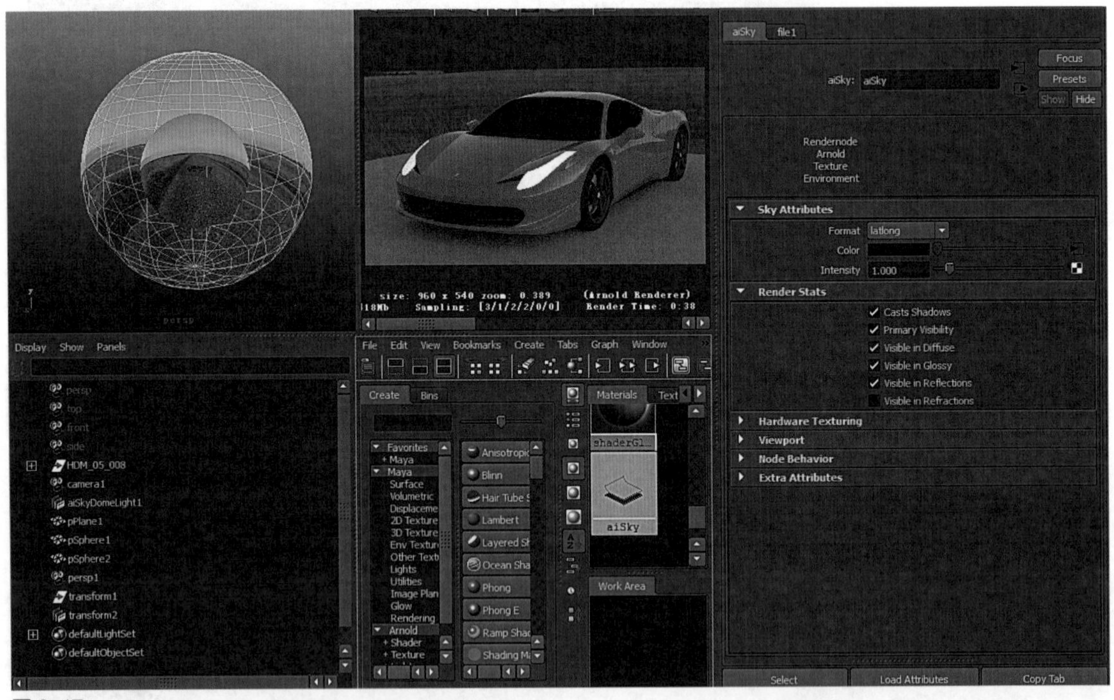

图9-17

图9-18

图 9-19

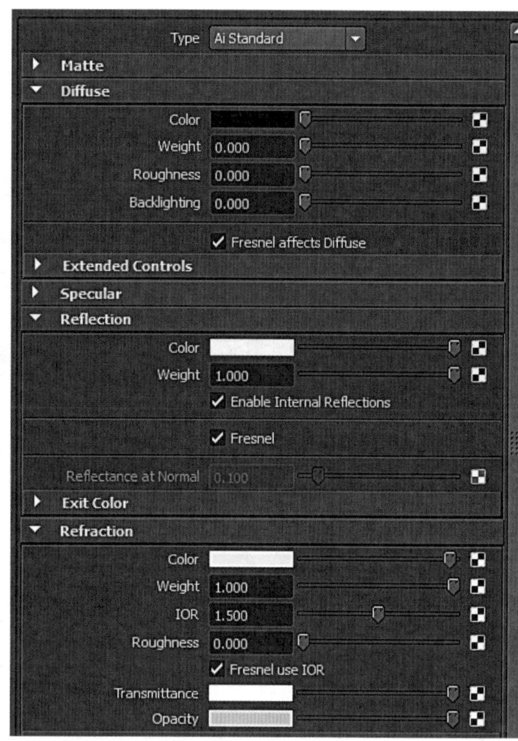

图 9-20

图 9-21

图 9-22

以弱化其他部分的材质，将其他部件设置成 aiStandard 材质，只需区分一下颜色即可，如图 9-22。

渲染全图可以发现图像中有很多噪点，特别是在背光部分，汽车底部非常明显。由于 Arnold 渲染器是基于物理的算法，场景中必须要有充足的光照才能完全避免这种情况的发生，这算是 Arnold 的弱点。特别是渲染室内场景时，如果光照不够，室内阴暗部位会出现很多噪点，解决办法只有增加灯光，模拟光线在场景中的反弹效果，或者提高 Arnold 的 Sampling 采样，如图 9-23。

最终渲染可以将 AA 采样提高至 5，Diffuse 设为 2 或 3，AA 采样和 Diffuse 采样不能同时调得太高，一般 AA 可以调得高一点，Diffuse 调得低一点，如果场景里有大量反射，可以将 Glossy 设为 3，这几个值不宜调得过高，不然会极大地增加渲染时间，本案例最终渲染图像分辨率仅为 960 × 540，渲染时间已经是 44 分钟，可想而知，如果分辨率再高一点，再往上调高采样值，其渲染速度将是极慢的。且最终渲染出来的图像很可能和本案例设置参数渲染出来的结果一样，从肉眼几乎是分辨不出来的，所以没有必要无止境地增加采样值，而应该多渲染多做测试，进行反复对比，这样才能找到渲染品质和渲染速度的平衡点。图 9-24 为最终渲染效果。

图 9-23

图 9-24

第十章 玻璃瓶渲染

本章导读

通过本章的学习，读者将学会制作超写实产品级的玻璃瓶渲染方法，由浅入深，掌握各种不同质感玻璃材质的光照效果。

精彩看点

玻璃的折射和反射特性，磨砂花纹的表现。

第一节 玻璃瓶材质分析

静物摄影的题材是非常广泛的，但就其材质而言，可大致分为透明质物体、反射性物体和吸收性物体三大类。本章我们来学习透明物体中最具代表性的玻璃器皿——玻璃瓶的渲染制作，按照惯例我们需要在网上收集一些透明玻璃瓶的图片，如图 10-1~ 图 10-4。

可以看到这些玻璃瓶的图片是产品广告摄影，有一个共同的特点，就是玻璃瓶的轮廓被明亮的灯光勾勒出来，在暗沉的背景中显得异常突出，明暗对比强烈，这种产品级广告摄影作品都是在摄影棚里拍摄出来的，这种布光方式广泛运用在广告摄影中。拍摄玻璃瓶，首先注意避免杂光反射，使瓶子的形状、标签的设计和色彩清晰醒目，按常规做法将摄影台四周

图 10-1

图10-2

和顶部遮挡住，为了产生暗影，则可以使用黑色卡纸。这是散射光布光的一种常用办法。

还应该牢记的是，为了表现玻璃制品等透明物体的形状与质感，需要采用透射光，这样玻璃厚度的不同表现为透光量或多或少的不同，也正因为如此才能体现出玻璃的形状和质感。

玻璃制品包括许多品种，如玻璃杯、玻璃盘以及陈设品，有无色透明玻璃、有色玻璃，也有磨砂玻璃和刻花玻璃，有表面光滑的，也有表面粗糙的，如此等等，不一而足。针对各种玻璃制品，采用透射光的布光形式，来表现各自的特征。有时只使用透射光作为主光，有时也在白色或黑色背景下使用主光并结合间接轮廓光的方法，轮廓光在玻璃物体的边缘投下白色（白色背景）或黑色（黑色背景）的轮廓线，使被摄物体形状更显突出。

拍摄玻璃制品，通常使用透过乳白色有机玻璃板的透射光，把有机玻璃板弯曲成一定弧度，在其后方放置一盏主灯，灯光的位置会影响背景色的浓淡，借助补光来表现玻璃制品的轮廓和质感。透射光还可以有效地避免周围杂光的映射，可以说透射光是玻璃制品拍摄时常用的典型布光。使用有色的有机玻璃板（或其他可以形成透射光的材料）进行这种形式的布光，也可以获得同样的效果。对于形状复杂的玻璃陈设品，很多情况下可以使用这种布光方式。

图10-3

图10-4

第二节 vray 材质模拟玻璃瓶

简单的场景中，一个玻璃瓶模型，一个作为背景的模型，玻璃瓶模型精度要够高，模型表面小的转折要光滑，这样才能渲染出精细的照片级别的图像，如图 10-5、图 10-6。

进入创建面板，灯光栏创建一个自由灯光，点击 Free Light，在场景中任意位置点击，并移动，如图 10-7。

构图取景，让玻璃瓶处于画面的中心位置，并创建摄像机，即选择 Create 选项下 Cameras 下的 Create Camera From View，或者直接在透视

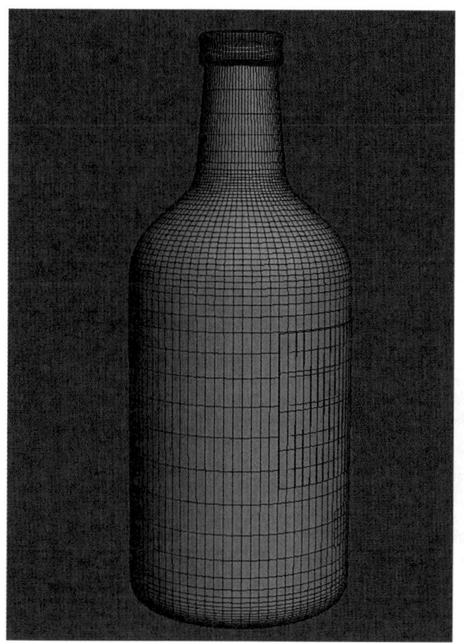

图 10-5

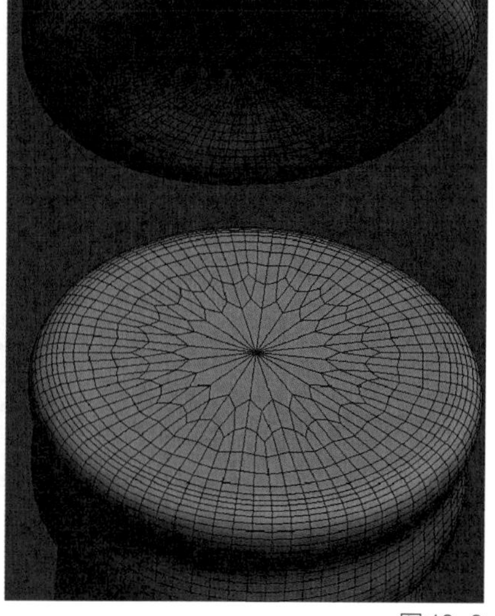

图 10-6

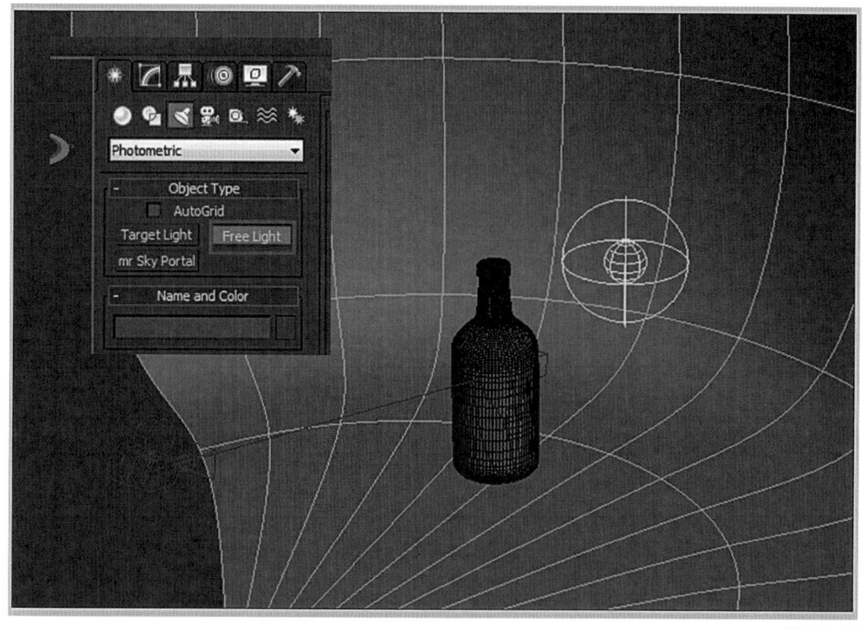

图 10-7

图里选好角度按 Ctrl+C，从当前视角创建摄像机，如图 10–8。

Free Light 与背景和玻璃瓶的距离适中，这盏灯是为了照亮背景，衬托主体物，烘托气氛，使玻璃瓶在画面中的轮廓更加清晰，以表现玻璃瓶的曲线，这种打灯光的方式也常常用在人像照明和产品演示照明中，并进行反复的测试，玻璃瓶位于摄像机和 Free Light 的中间位置，显示摄像机安全框，得到图 10–9 的效果。

调整 Free Light 的灯光强度，调整 Intensity/

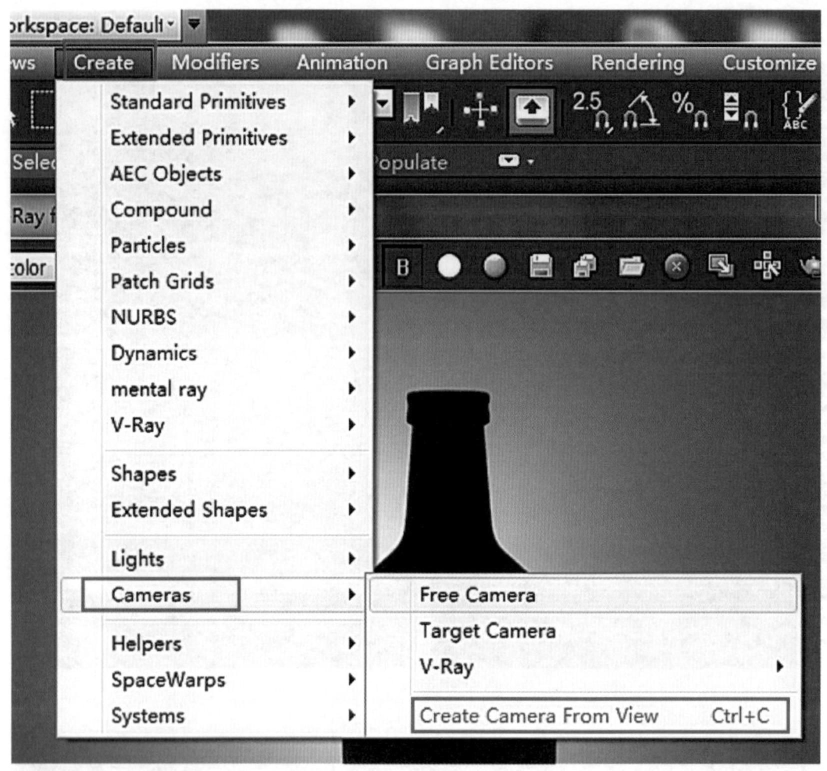

图 10–8

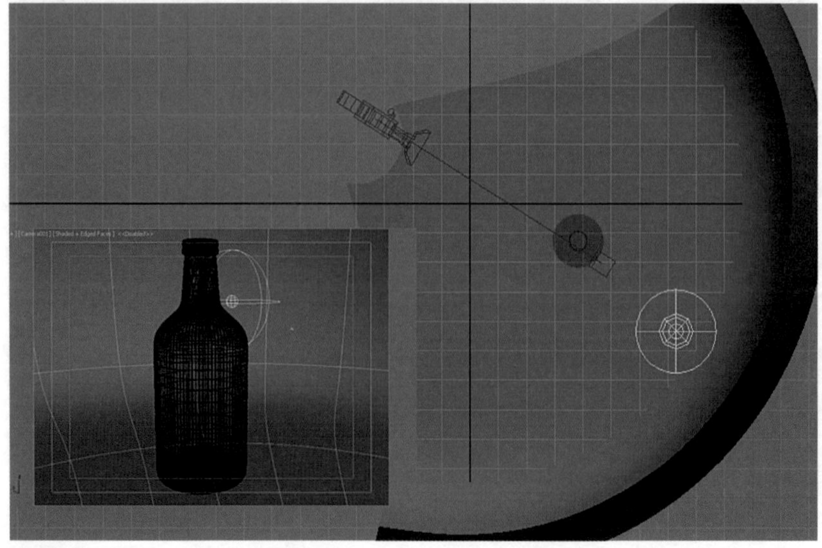

图 10–9

Color/Attenuation 面板下 Intensity 第一个数值，这个数值根据场景的大小而定，调整到一个合适的强度，反复渲染观察，本案例调整为 150（图 10-10）渲染出如图 10-11 的效果图。

按键盘上的 F12，进入渲染设置窗口，将 Production 产品渲染器改为 V-Ray 渲染器，如图 10-12、图 10-13。

按键盘上的 M 键，进入材质编辑器，点击

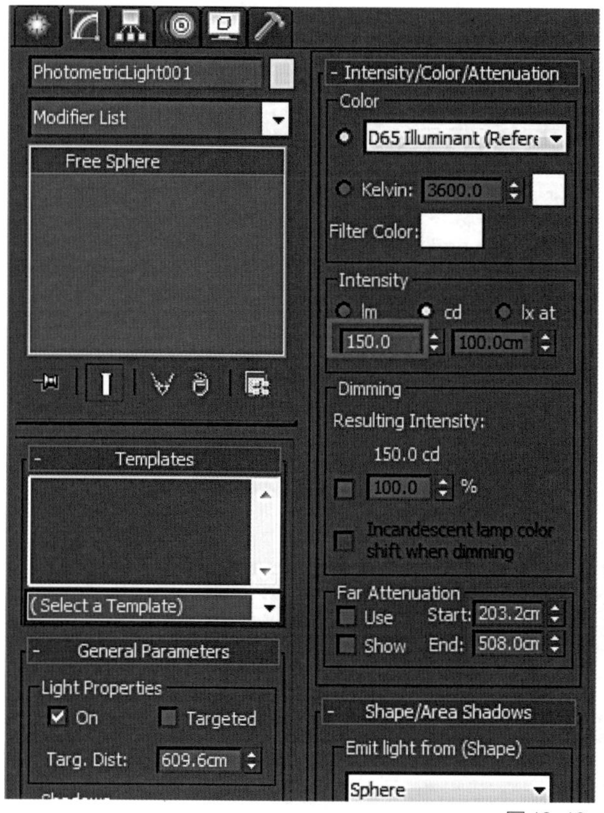

图 10-10

图 10-11

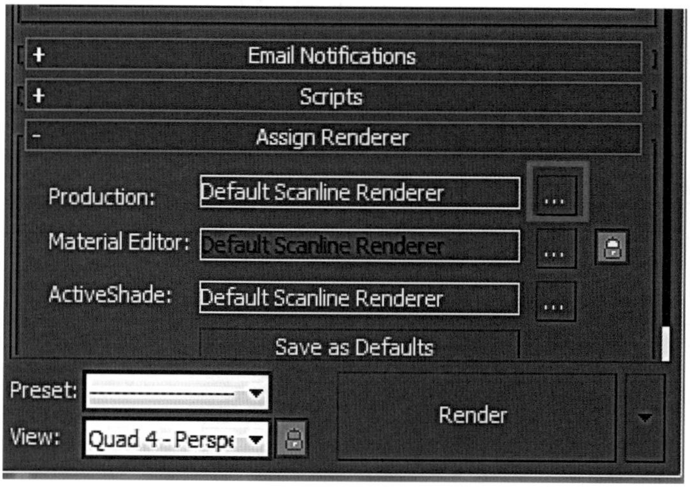

图 10-12

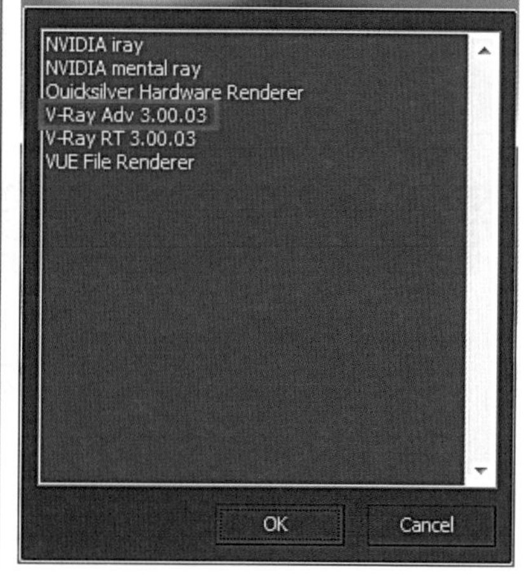

图 10-13

获取材质图标，在弹出的窗口里找到 V–Ray 栏，并选择 VRayMtl 材质球，如图 10–14、图 10–15。

选择玻璃瓶，点击 Assign Material to Selection 就可以将 VRayMtl 材质赋予玻璃瓶，并命名为 glass，如图 10–16、图 10–17。

可以看到玻璃瓶并没有什么变化，但是材质编辑器面板里面出现了很多 V–Ray 材质球的参数，我们将 Refraction（折射）颜色改为很浅

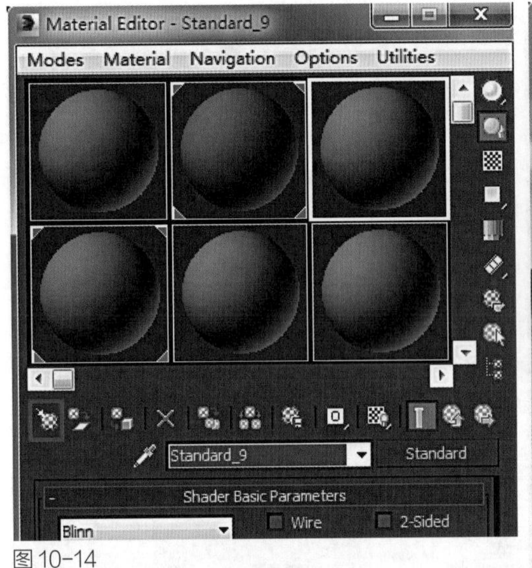

图 10–14

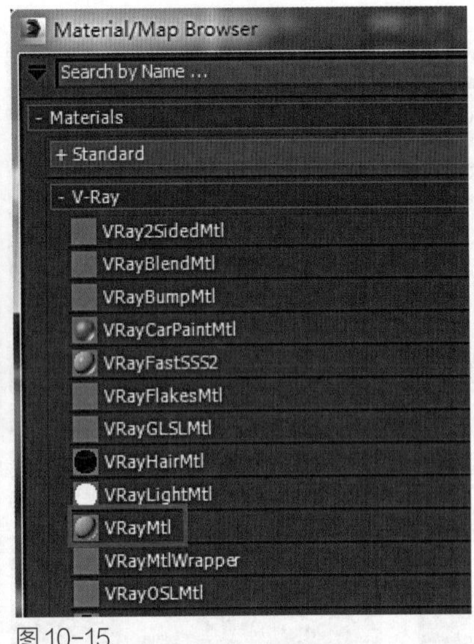

图 10–15

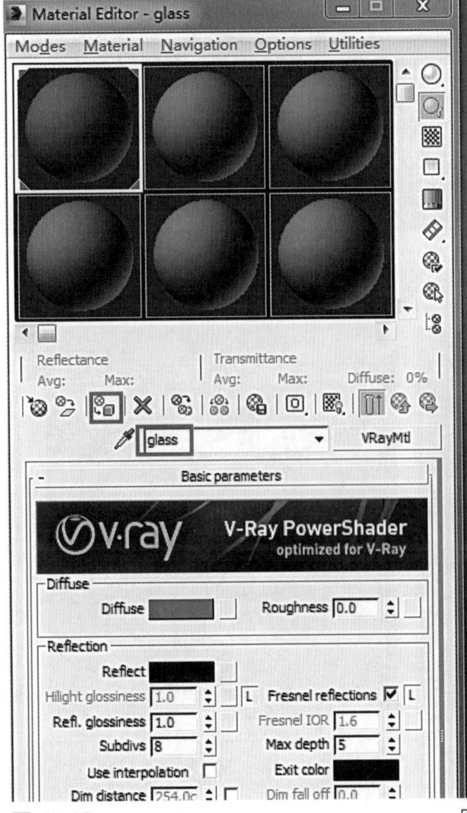

图 10–16

图 10–17

的白色，并勾选 Reflection。由于玻璃材质是透明的，为了方便在材质编辑器里面观察材质球的实时显示效果，我们可点击棋盘格图标，这样可以看到材质球背景的纹理，如图 10-18、图 10-19。

按键盘上的 F10 弹出渲染设置窗口，在 View 旁边选择摄像机视图，本案例选择 Quad 4-Camera，并点亮旁边的小锁图标，这样能够保证每次都是对摄像机视角进行渲染，点击 Render 进行渲染，如图 10-20。图 10-21 为渲

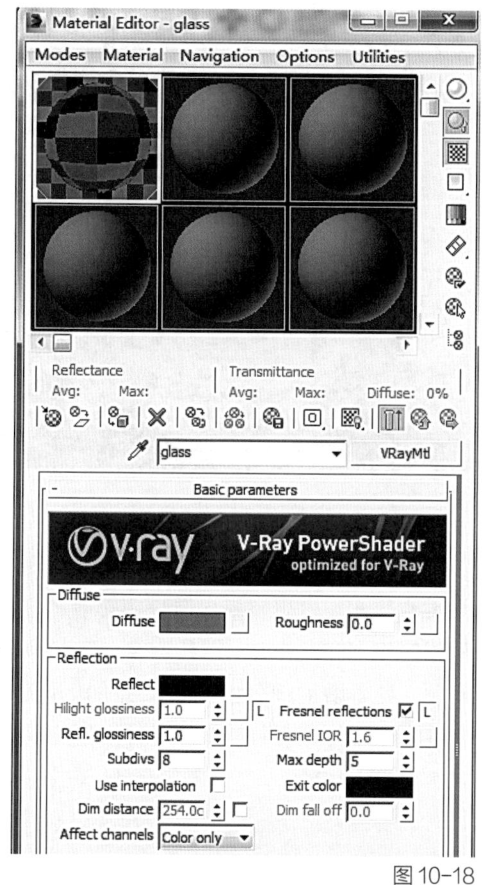

图 10-18

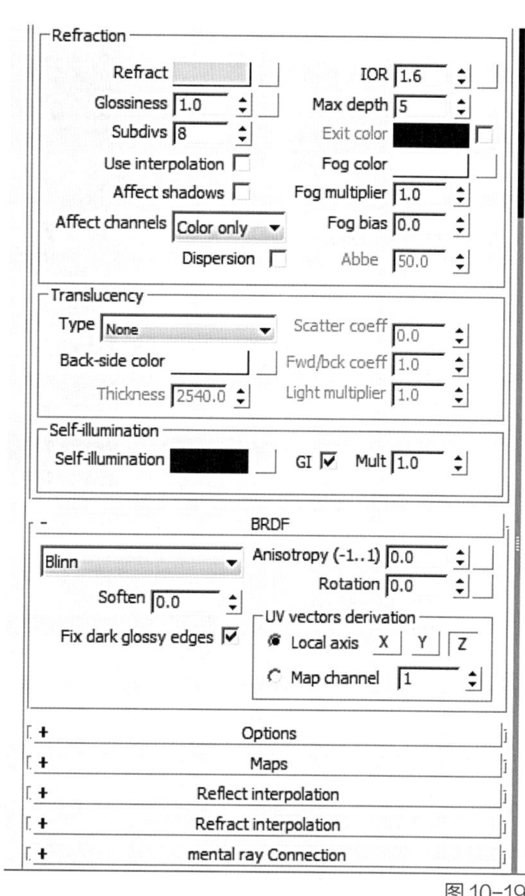

图 10-19

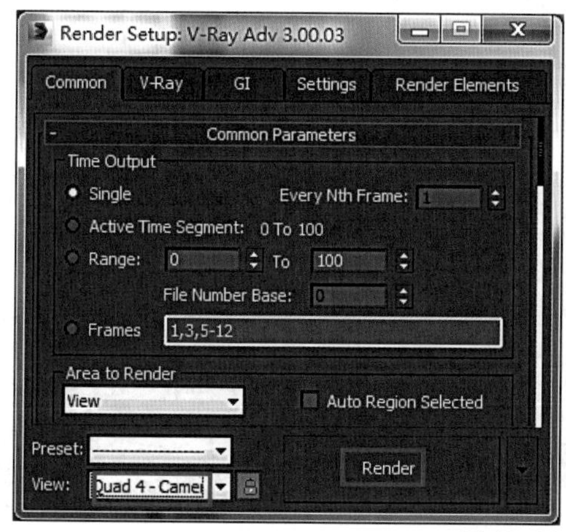

图 10-20

图 10-21

染结果，可以看到一个简单的玻璃效果的初现。

场景里面没有光影效果，我们可增加阴影，选择灯光，进入修改面板，勾选 Shadows 选项下的 On 选项，这样再进行渲染，场景里面就会有灯光阴影效果，渲染效果如图 10–22 所示，现在可以看到阴影，但是阴影边界太过锐利，还需要调整。

灯光阴影参数里面为我们提供了很多种阴影类型，由于我们使用的是 V–Ray 渲染器，因此我们最好将阴影类型修改为 VRayShadow，这是 V–Ray 渲染器自己的阴影类型，这种阴影类型效果更好，和 V–Ray 渲染器更加兼容，不容易出错，最重要的一个参数是在 VRayShadows Params 面板下勾选 Area shadow。这是 Vray 的面阴影，能让阴影边缘柔化，看上去过渡更柔和、自然。有两种柔化的方式，一种是 Box，另一种是 Sphere，我们选择默认的 Sphere 方式，点击渲染，如图 10–24，可以发现现在的阴影要比之前的柔和得多，也更自然，但是阴影有很多颗粒感，这是因为面积阴影细分值 Subdivs 默认为 8，细分不够造成的。要解决这个问题，只需增加细分值，由于现阶段是测试渲染，不必将细分值调得很高，当最终渲染的时候再将此值调高即可，如图 10–23、图 10–24。

图 10–22

图 10–23–1

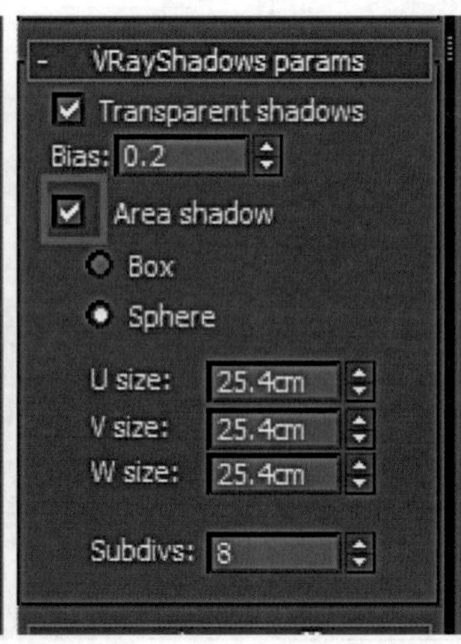

图 10–23–2

图 10–24

如果我们对比真实的玻璃可以发现，玻璃是有反射的，我们当前这个玻璃瓶没有反射，显得不够真实，现在我们就需要为玻璃瓶添加反射效果。我们可以用反光板，也可以用面积灯光模拟，使玻璃瓶边缘轮廓或者其他角度看上去有几块发亮的区域。本案例我们用了两盏V-Ray面积光模拟反射(也可以使用三盏面积光，这个由作者自己按情况决定)，分别放在玻璃瓶的左右两侧，左边的灯光如图10-25，右边的灯光如图10-26，位置需要不断地调整，找到一个合适的角度，使玻璃表面左右分别反射出白色的V-Ray面积光，渲染结果如图10-27。

图10-25-1

图10-26-1

图10-27-1

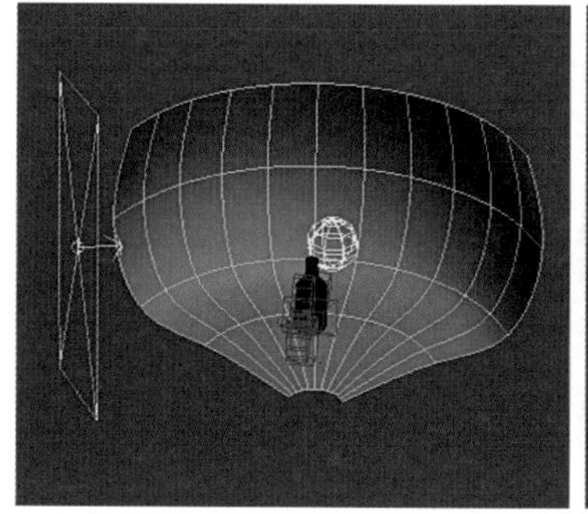

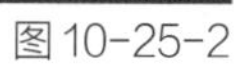

图10-25-2

图10-26-2

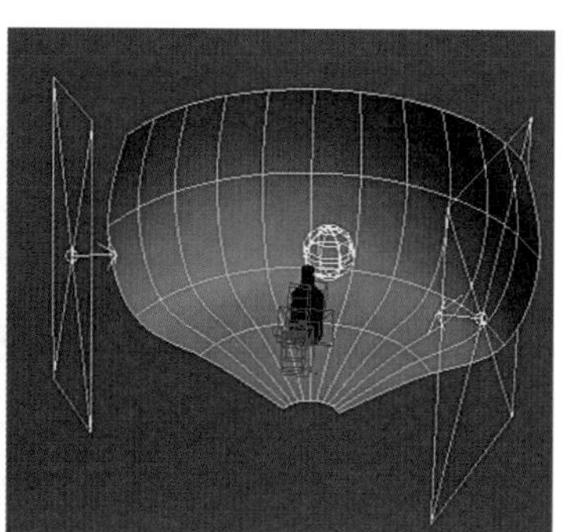

图10-27-2

现在的效果图看上去玻璃瓶较厚的地方有些失真，这是由 Max Depth（最大折射深度）决定的，默认数值太低，我们需要提高到 10，如图 10-28，这样的渲染结果才是令人满意的。

如果我们想制作磨砂玻璃的效果，在此基础上只需稍加调整即可，Reflection（反射）和 Refraction（折射）下面的 Glossiness（光泽度），这个值就是控制模型表面光亮程度的，其数值越高模型表面越光滑，最高数值为 1；数值越低模型表面越粗糙，越像磨砂玻璃的效果，最低数值为 0，本案例中我们将反射和折射的光泽度都设为 0.7，如图 10-29。

图 10-28

图 10-29

这时磨砂玻璃的效果已经看得出来，但是图像有很多小颗粒，这是由于反射和折射的 Subdivs（细分值）太低造成的，我们将细分值增加至 32，渲染效果如图 10-30 所示，就明显看到颗粒少了很多。

我们将玻璃的颜色改为绿色，模拟啤酒瓶，只需将 Refraction 选项里面的 Fog color 后面的颜色改为绿色，如图 10-31。将 Fog bias 数值降低为 0.01，在 Bump 通道上贴 Noise（噪波程序纹理贴图），目的是为了模拟玻璃小的凹凸不平的效果，将强度设为 6，如图 10-32。

将 Noise Parameters 选项下的 Noise Type 噪波种类改为 Fractal，这种方式更适合玻璃瓶内部厚薄不均匀的效果，模拟回收的劣质玻璃，并把 Size（尺寸）设为 30，如图 10-33。

接着我们来制作玻璃瓶的花纹，重新选

图 10-30

图 10-31

图 10-32

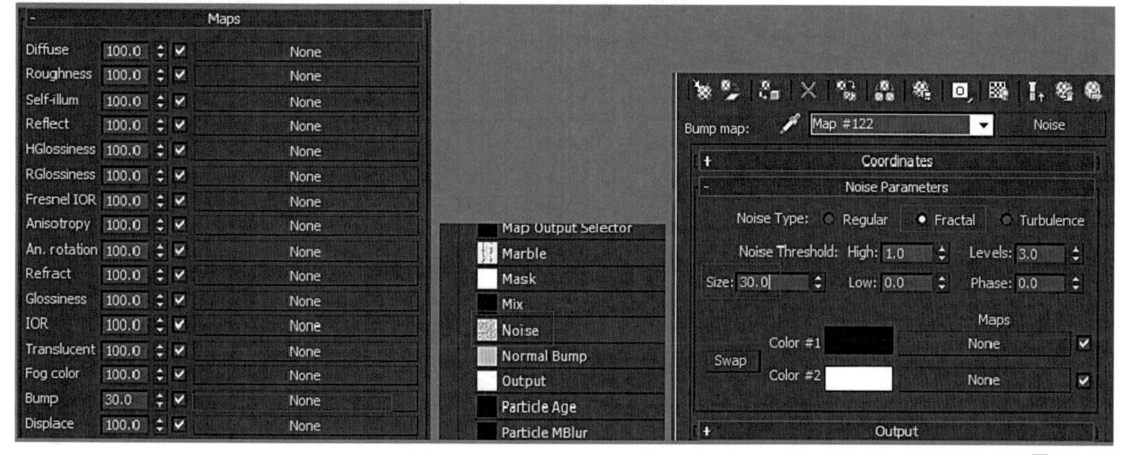

图 10-33

图10-34

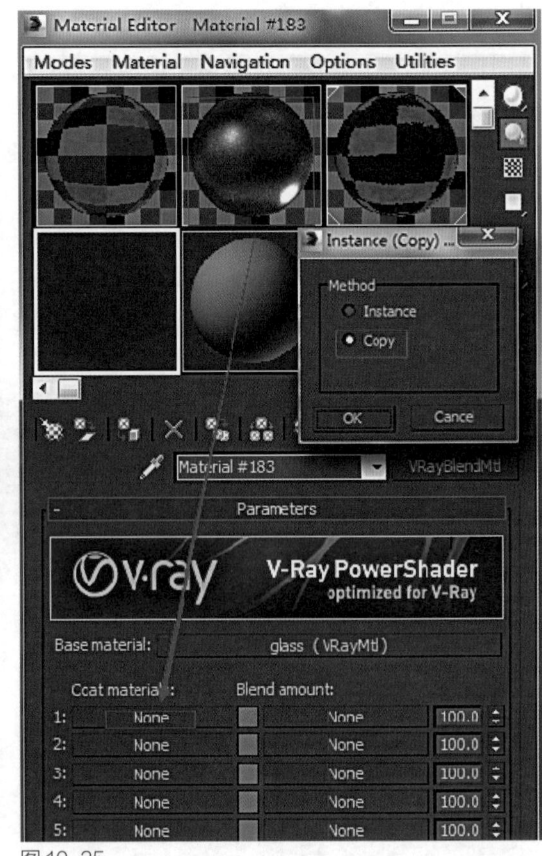

图10-35

择一个材质球，点击获取材质图标，在弹出的窗口中选择VRayBlendMtl材质，这是Vray的混合材质，然后将之前制作的图10-16玻璃材质用鼠标中键拖动至VRayBlendMtl混合材质的Base material基础材质上，在弹出的窗口中选择Copy（拷贝）方式，如图10-34。将之前制作图10-29磨砂玻璃材质用鼠标中键拖动至VRayBlendMtl混合材质的Ccat materials外壳材质上，在弹出的窗口中同样选择Copy（拷贝）方式，如图10-35。

找一张黑白花纹的图片贴在VRayBlendMtl材质的Blend amount上，如图10-36，然后将

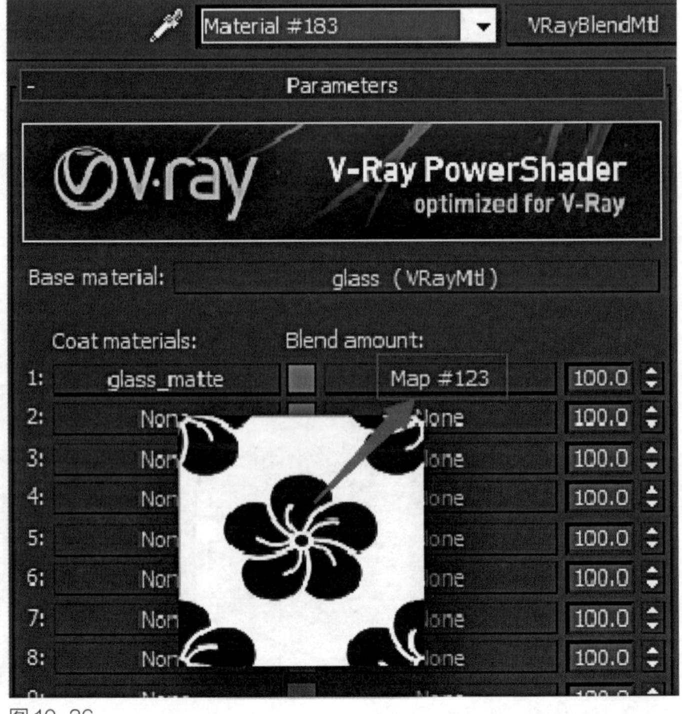

图10-36

VRayBlendMtl 材质赋予玻璃瓶，点击渲染，如图 10-37，可以发现这个花纹只在玻璃瓶颈位置出现，瓶身并没有明显的花纹，这是由于模型 UV 不正确，花纹太大造成的。

我们将模型 UV 展好，然后将这张图片的 Tiling 重复数设为 3，如图 10-38，这样花纹变得更小，数量变得更多、更明显，渲染效果如图 10-39。

图 10-37

图 10-38

图 10-39

图 10-40

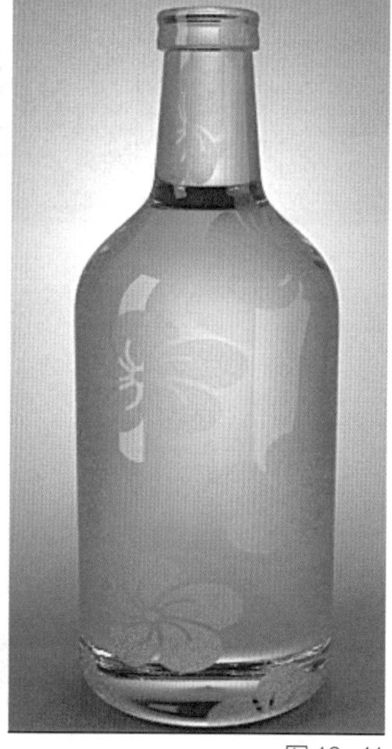

图 10-41

日常生活中我们看到有花纹的玻璃瓶上的花纹往往是磨砂的效果，其余都是光滑的玻璃效果，因此我们需要将花纹图片的黑白色对换，进入 Output 输出通道，勾选 Invert（反选），如图 10-40，渲染出我们想要的效果，如图 10-41。

重新复制一个如图 10-16 的玻璃材质，将一张渐变贴图贴到 Refraction 贴图上面，如图 10-42。

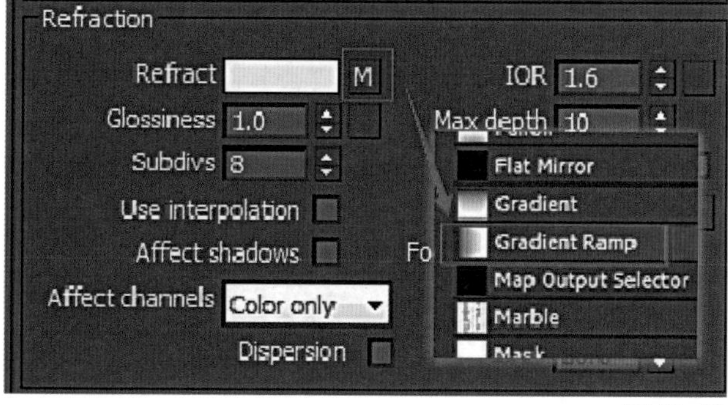

图 10-42

默认效果为从左往右渐变，如图 10-43，我们需要模拟玻璃瓶从上往下的一个渐变效果，因此我们把 W 值从默认的 0 改为 90，即顺时针旋转 90°，如图 10-44。

渲染结果如图 10-45，我们发现玻璃瓶从上到下是黑色到白色的一个渐变过程，我们可以将黑白渐变改为其他我们想要的颜色。

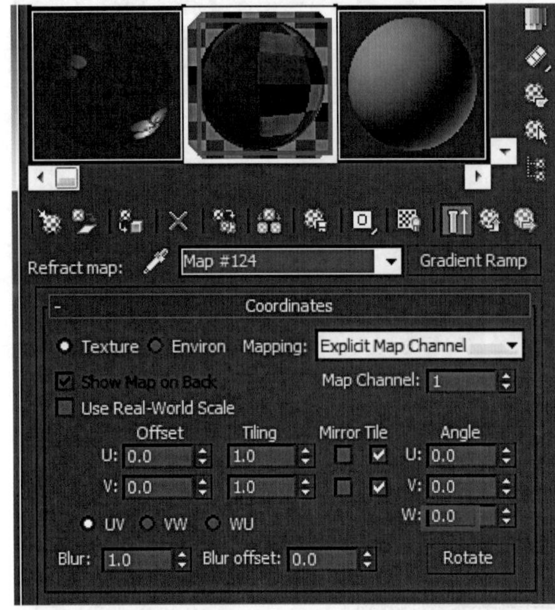

图 10-43

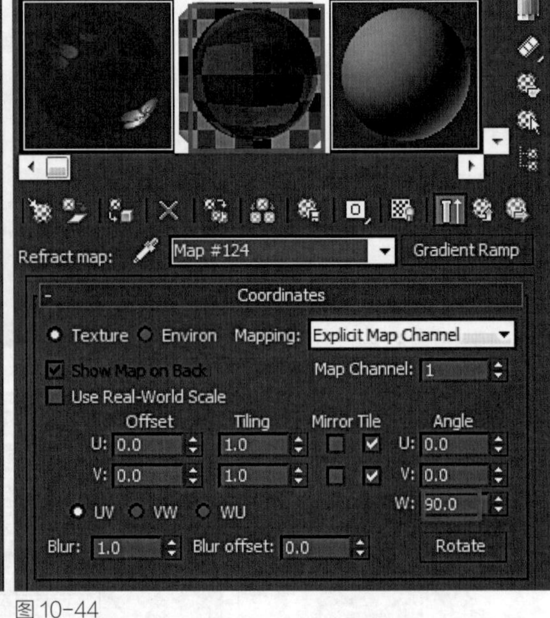

图 10-44

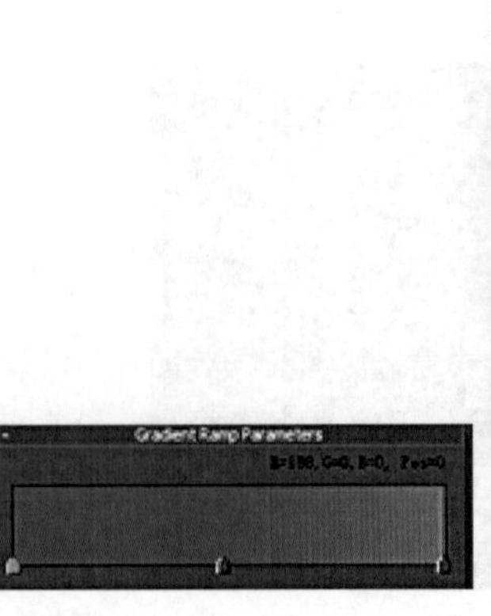

图 10-45

最后进行最终渲染，将玻璃材质的Reflection，Refraction的Subdivs（细分数值）都设为16，如图10–46，将两盏Vraylight的Sampling采样Subdivs（细分数值）也设为16，如图10–47，将渲染分辨率提高到800×600，这样可以提高渲染品质，如图10–48。

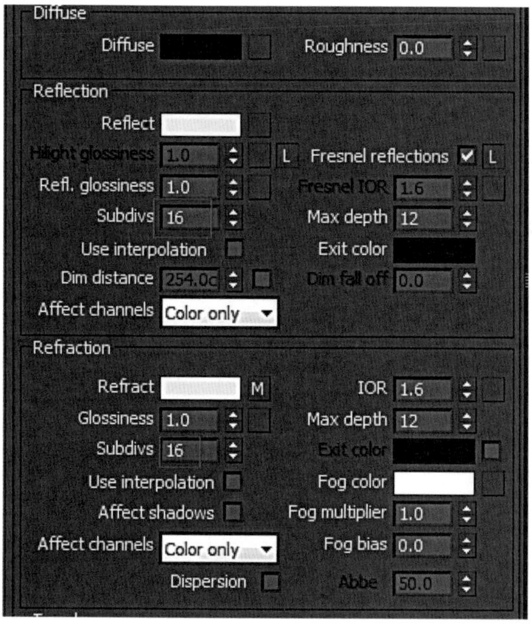

图10–46

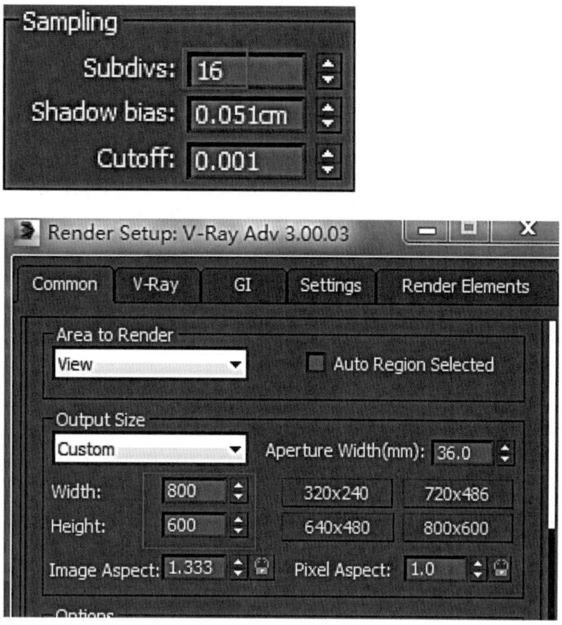

图10–47

图10–48

第十一章 粒子替代实现山地地形树木渲染

本章导读

通过本章的学习，读者将学会快速制作大面积的植被的渲染方法，掌握利用粒子替代来制作树木的方法。

精彩看点

Arnold 渲染器快速渲染大场景。

第一节 粒子替代实现大面积植被的可行性分析

我们在实际项目制作过程中常常会遇到制作大面积的植被，比如一片广阔的草坪以及漫山遍野的各种树木花草。要制作如此众多的树木，有几种可实现的方案，比如用 Maya 种树插件 spPaint3d，可以随意在模型表面绘制树木，这种方法的优点是可以很直观地控制植被的形态和数量，缺点是要制作数量巨大的植被，速度很慢，效率很低，因为这种方法全靠一颗一颗地绘制；还有一种方式就是用粒子替代，快速实现大面积植被制作，这种方法效率最高，无论多大的场景，都可以迅速实现植被覆盖，缺点是植被形态和材质不易控制。这两种方法可以同时运用在实际案例制作中，充分发挥各自的优势。

本案例用粒子替代的方法来实现，为了速度和质量的平衡，我们选用 Arnold 渲染器来渲染。Arnold 渲染器渲染室外场景，特别是渲染当有大量数目的模型时具有很大的优势，由于 Arnold 渲染器是基于物理的计算方法，因此在计算透明贴图方面就显得力不从心，所以我们要渲染大面积成片的树林时一定要发挥 Arnold 渲染器的优势，直接用多边形树木，包括树叶也要用多边形，一定不要使用透明贴图的树叶，否则渲染速度会成倍地增加。

以下为大体的制作思路，分为三个步骤：

第一步：绘图，绘画黑白图来控制粒子的分布；

第二步：发射粒子以及粒子替换；

第三步：多个粒子替换。

第二节 粒子替代创建树林

在 Maya 里建立一个场景（如建筑物、地面、小溪，添加石头花草可使场景显得丰富一些，另外添加雾效和灯光），场景不要过大，虽然粒子替代可以给任何模型表面添加植被，但是如果模型量过大，电脑负荷不了，就很容易造成死机的情况。

新建一个工程目录或者设置一个工程目录保存文件，给将要创建粒子的模型（地面）赋予一个材质球，最好是 Arnold 的 aiStandard 材质，如图 11–1。

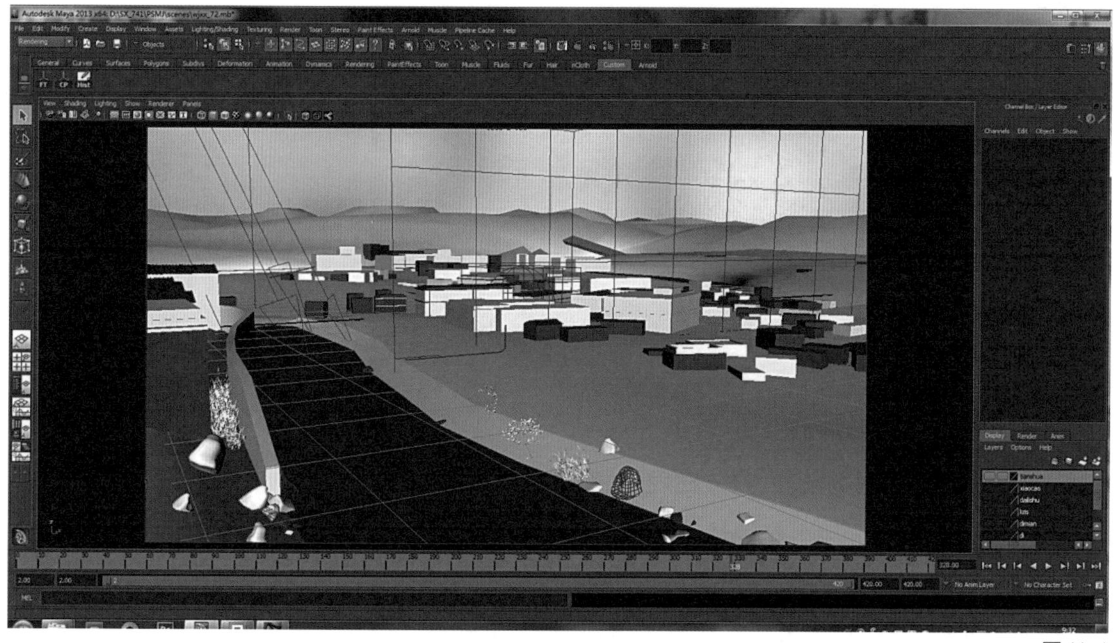

图 11–1

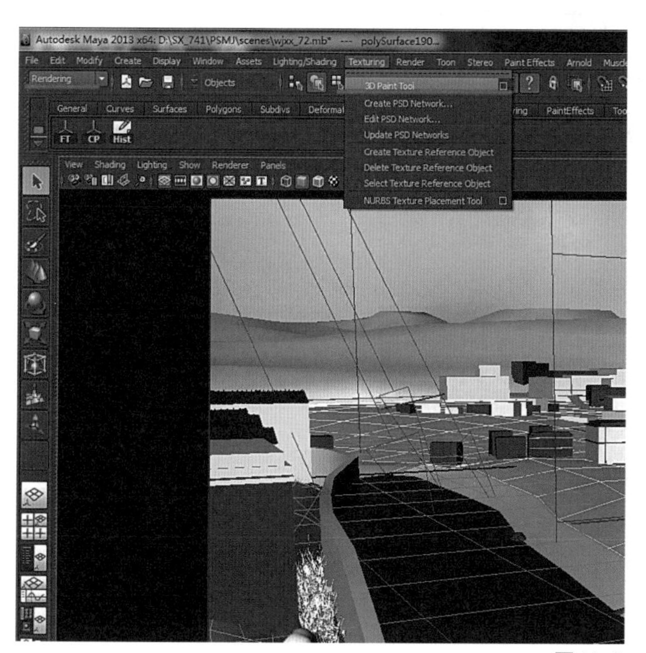

图 11–2

我们使用画笔工具在模型上画出黑白图，目的是控制粒子出现（黑色为粒子完全不出现，白色是完全出现，灰色为中间过渡地带），先选择将要建立的粒子模型，然后在菜单栏选择 Rendering，点击 Texturing 属性下的 3D Paint Tool（图 11–2）。

图 11-3

找到 3D Paint Tool 面板下的 File Textures 菜单下的 Assign/Edit Textures 编辑图片，设置图片大小，更改格式，选择 Assign\Edit Textures。（图 11-3）

将 Flood 菜单下的 Flood Paint 模型填充为黑色，把 Color 菜单下的 Color（颜色）设置为白色，应用白色或灰色画笔工具画在粒子要出现的地方（灰色程度越深出现的粒子越少，根据场景的需要去分布颜色）。（图 11-4）

图 11-4

画好以后在 File Textures 菜单下选择 Save Textures 保存文件，将刚才绘制的黑白图像保存成图片文件。（图 11-5）

创建粒子，选择要创建粒子的模型，然后选择 Dynamics 界面中 Particles 选项下的 Emit from Object（从物体发射粒子）。（图 11-6）

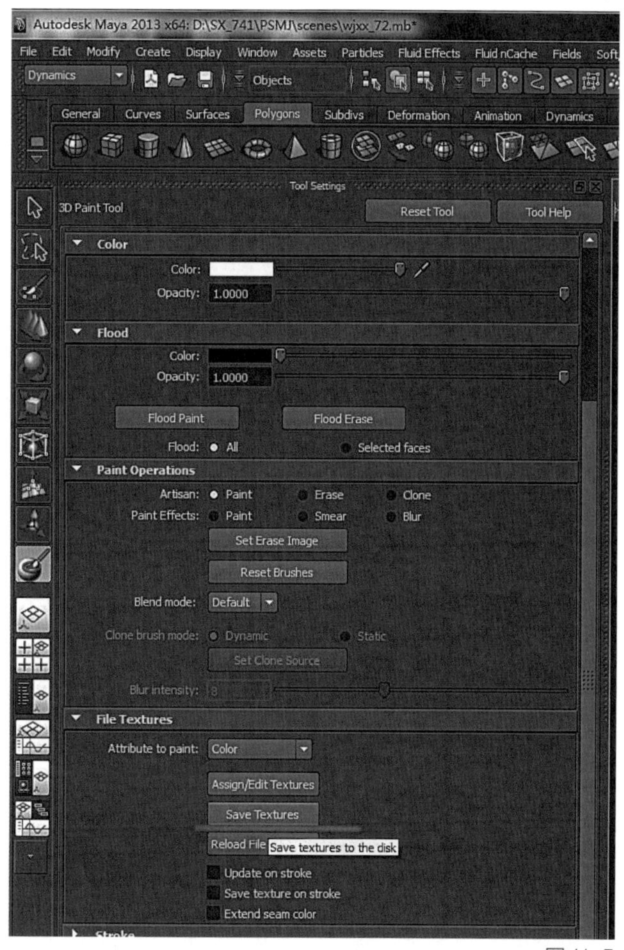

图 11-5

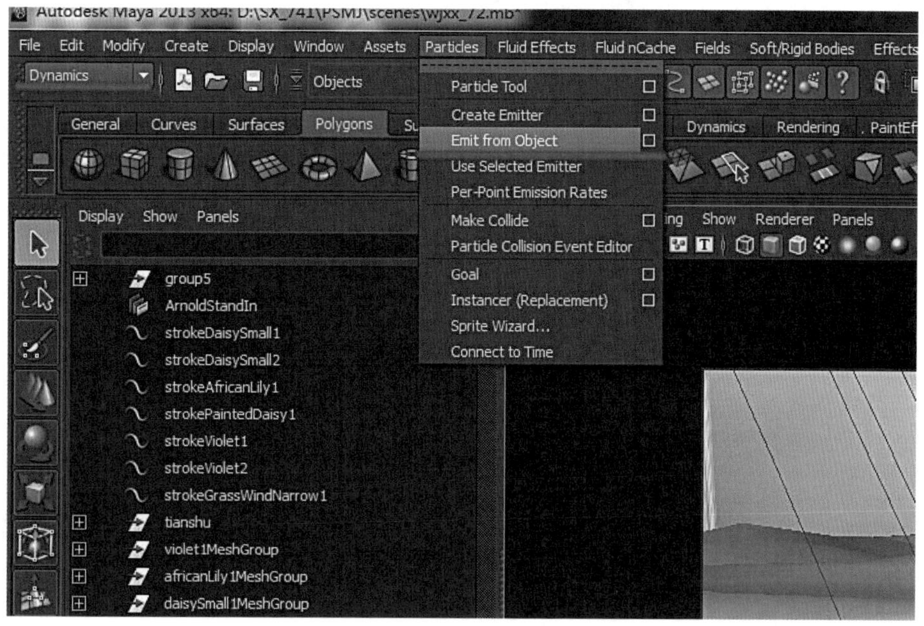

图 11-6

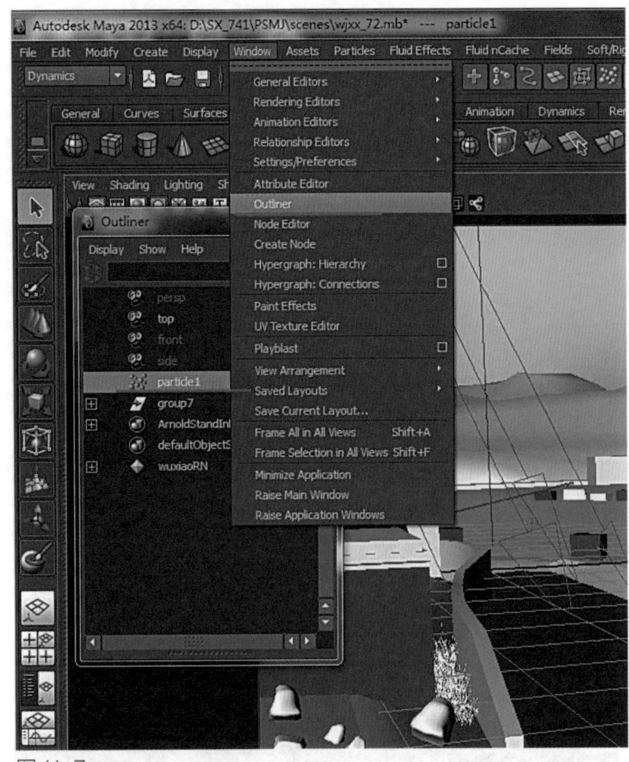

图 11-7

在 Window 选项下 Outliner 选择粒子，Ctrl+A 打开粒子的属性面板。（图 11-7）

选择 emitter1 面板下 Basic Emitter Attributes 菜单栏下 Emitter Type，更改为 Surface，并在 Rate（Particles/Sec）中设置粒子发射数量，这里的数量只有不断地调整，不断地播放动画来回观察，才能找到一个合适的数量。（图 11-8）

在 emitter1 面板下 Texture Emission Attributes 选项中 Texture Rate 里添加之前画好的黑白图，勾选添加图片下面的 Use BOT（应用刚才那张图片），如图 11-9，勾选 emitter1 面板下 Texture

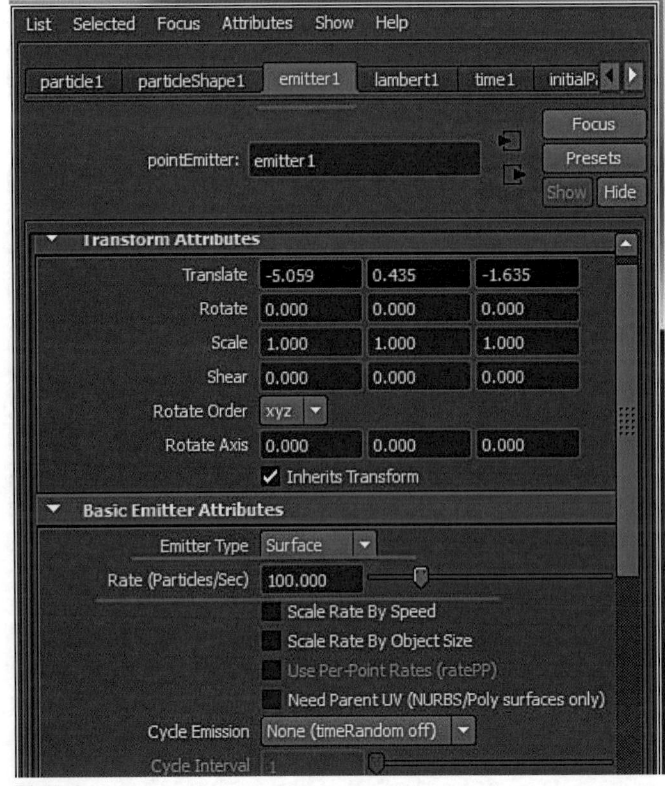

图 11-8

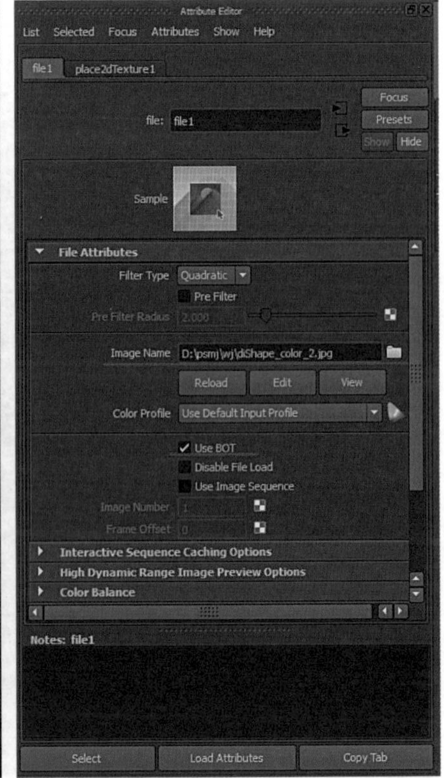

图 11-9

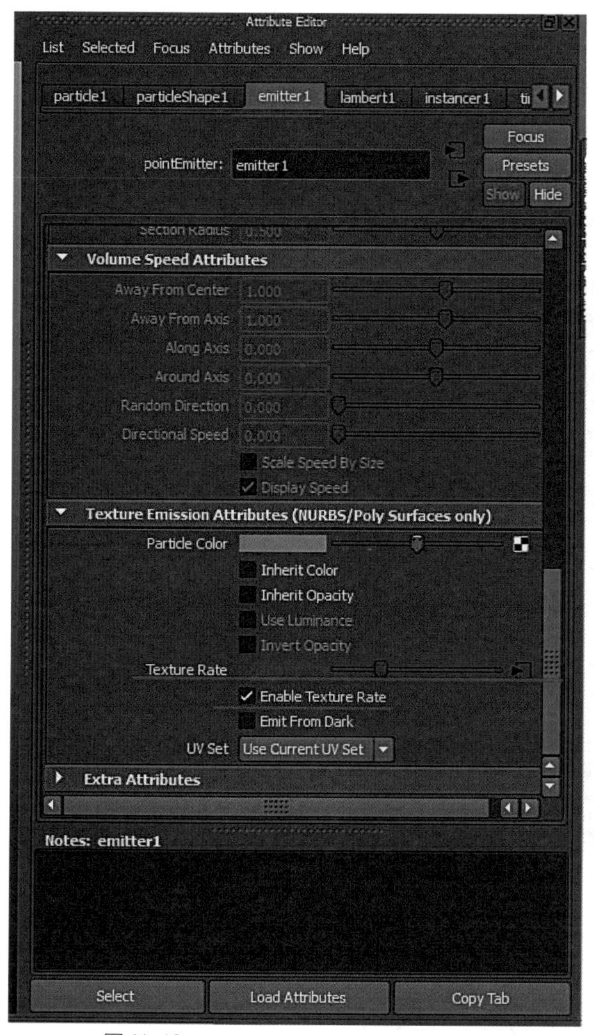

图 11-10

图 11-11

Emission Attributes 选项中 Texture Rate 属性下的 Enable Texture Rate。（图 11-10）

播放序列帧有白色或者灰色的地方就会出现粒子，在 particleShape1 面板下的 Render Attributes 选项中的 Particle Render Type 里更改粒子显示的形状，particleShape1 面板下 Render Attributes 选项下的 Add Attributes For 更改为 Current Render Type，Radius 可改变粒子的大小。（图 11-11）

以上粒子是飘动粒子，粒子替换的是树木，粒子是固定的。把 particleShape1 面板下的 General Control Attributes 选项中的 Conserve 设置为 0，播放序列帧，粒子到了一定的数量点击暂停播放。保持粒子的数量是在 Dynamics

菜单中 Solvers 选项下的 Initial State 点击 Set For Selected，关闭动力学是在 particleShape1 面板下的 General Control Attributes 取消勾选 Is Dynamic。（图 11-12）

粒子替换：建立好要和粒子替换的模型，先选择模型再选择粒子，即在 Dynamics 菜单中 Particles 选项下选择 Instancer(Replacement)。（图 11-13）

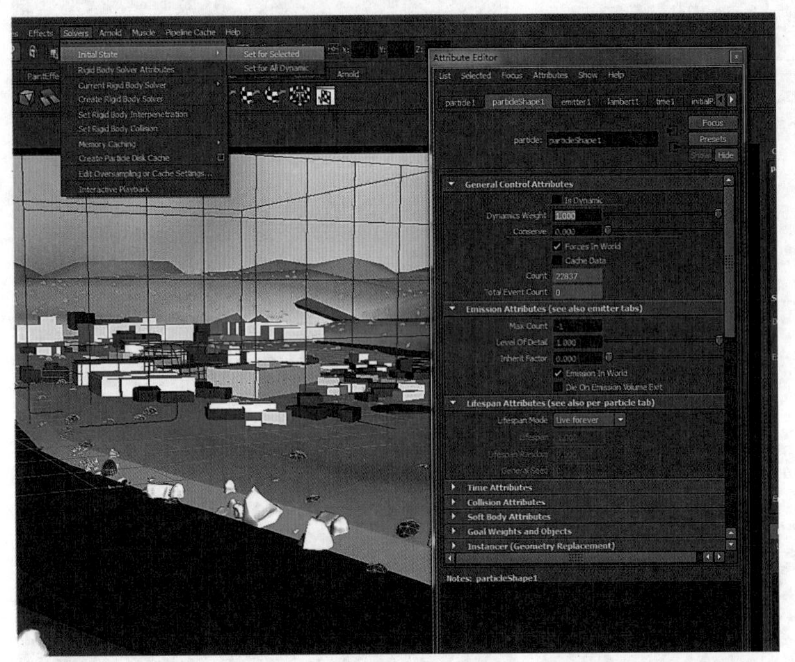

图 11-12

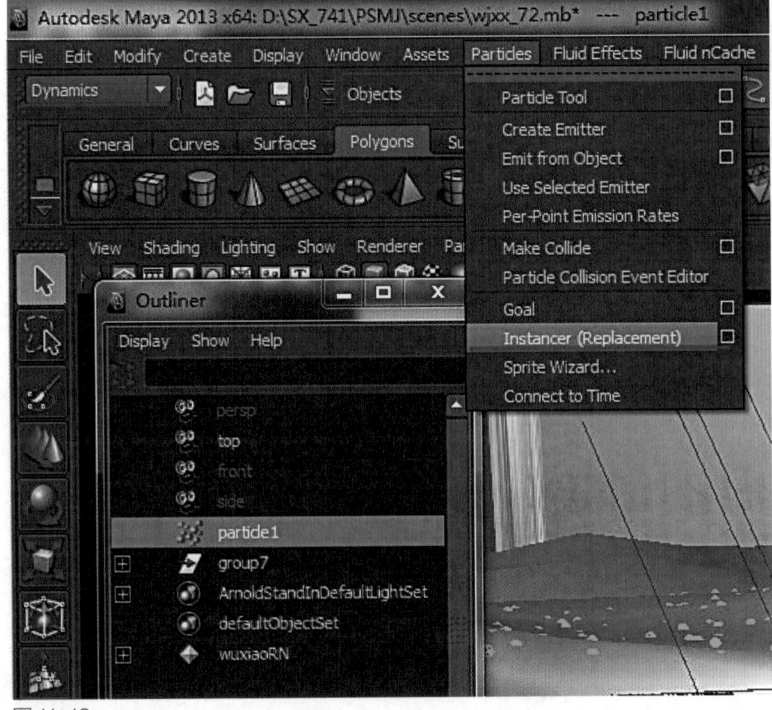

图 11-13

替换多个模型：在 particleShape1 面板下的 Add Dynamic Attributes 选项下点击 General，选中 Particle，再选择 userScalar1PP，最后点击 Add 添加属性在 Per Particle(Array)Attributes 内。（图 11–14）

在 particleShape1 面板下 Per Particle (Array) Attributes 选项中的 User Scalar 1PP 点击右键 Creation Expression 打开编辑框。（图 11–15）

选择 Selection 界面下的 particleShape1 和 Attributes 界面下的 UserSalar 1PP，点选 Runtime after dynamics，再到 Selected Object and Attribute 里面选择 particleShape1.userScalar1PP，用左键拖到 Expression 里表达式为 particleShape1.userScalar1PP=rand（3）。

括号内的数字代表替代模型的个数。（图 11–16）

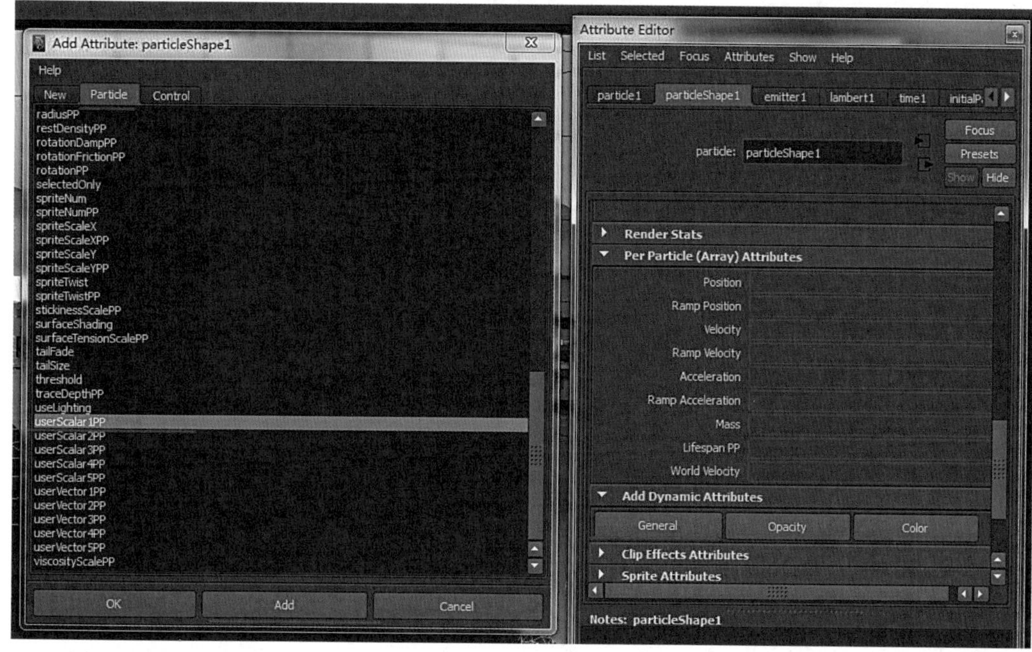

图 11–14

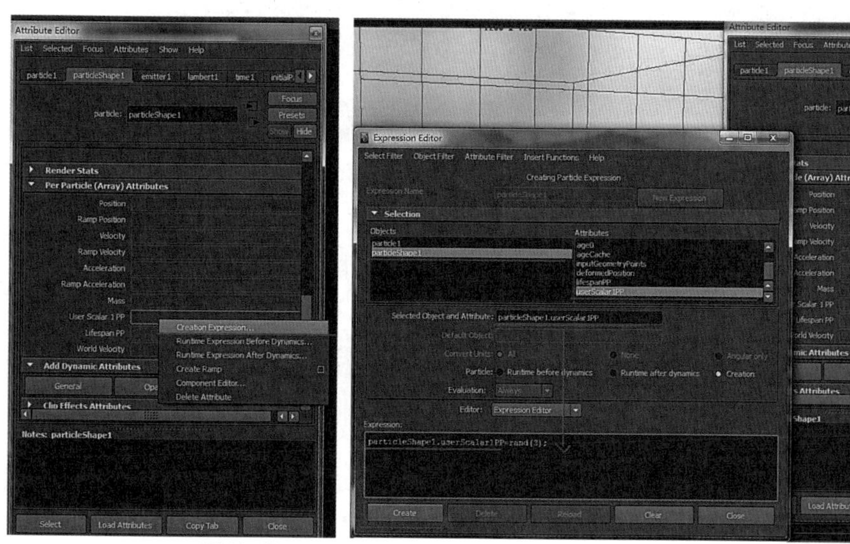

图 11–15

图 11–16

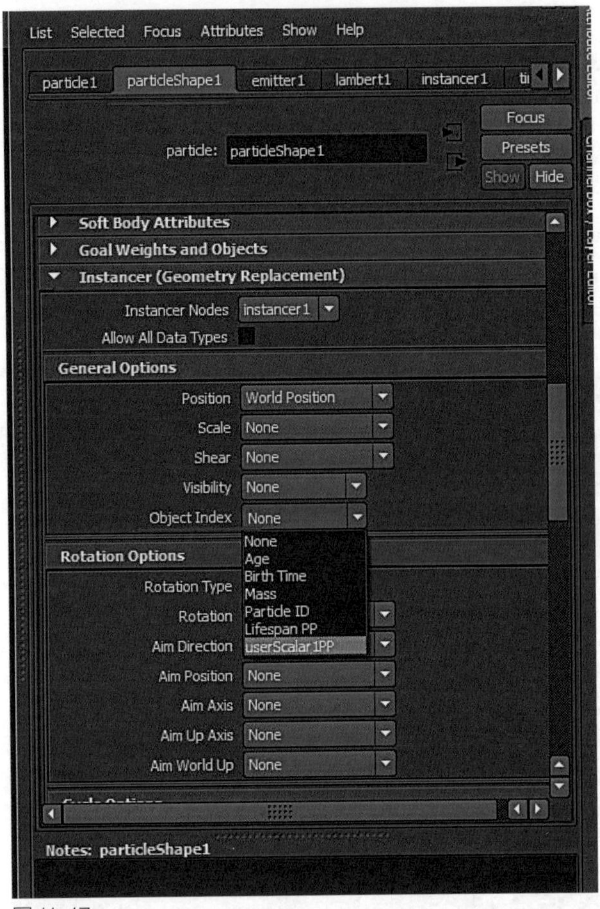

图 11-17

之前步骤操作完后在属性 Instancer（Geometry Replacement）菜单下的 General Options 选项中，将 Object Index 属性更改为 userScalar 1PP。（图 11-17）

图 11-18 为粒子替换树木形成的最终效果图。

图 11-18

第十二章
彭氏民居场景渲染

本章导读

通过本章的学习，读者将学会制作室外复杂场景的光照效果，掌握各种不同材质的表现方法和室外光照的表现技巧。

精彩看点

环境闭合材质（AO）结合高动态范围图像照明（HDRI）。

第一节 彭氏民居素材收集

“彭氏民居”位于重庆巴南区南温泉，它也称“彭氏庄院”“彭家大院”，始建于清道光二年（公元1822年）。该民居四面由5至7米高的围墙环抱，构成履合四廊式四合庭院。院内有一百多年的桂花树(金桂、银桂)3株，国家二级保护树黄桷古树2株。庭院楼厅廊廓，雕梁画栋，保存十分完好。彭氏民居现在不仅是重庆市的重点文物保护单位，同时也是全国重点影视拍摄基地之一。

要制作出一个好的项目，第一步就必须准备好项目所需的素材。在这一阶段不必急于去建模，也不要吝啬所花费的时间，要相信，成功往往属于有准备的人。（图12–1 ~图12–15）

图12–1

图 12-2

图 12-3

图 12-4

图 12-5

图 12-6

图 12-7

图 12-8

图 12-9

图 12-10

图 12-11

图 12-12

图 12-13

图 12-14

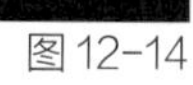

图 12-15

第二节 场景灯光测试

在场景设置基本完成后，要进行模型的整体摆放调整，在调整中，如果没有和一起制作模型的小伙伴充分沟通，会遇到困难，在各自的建模中，会出现大小不一的模型，导致最后模型的整体摆放出现各种问题。因此在团队制作中，沟通最重要。（图 12–16）

场景调整好后，对场景模型进行简单的照明测试。这样可以确定模型与模型之间有没有焊接好，也可以把握整个场景的气氛效果。（图 12–17、图 12–18）

图 12–16

图 12–17

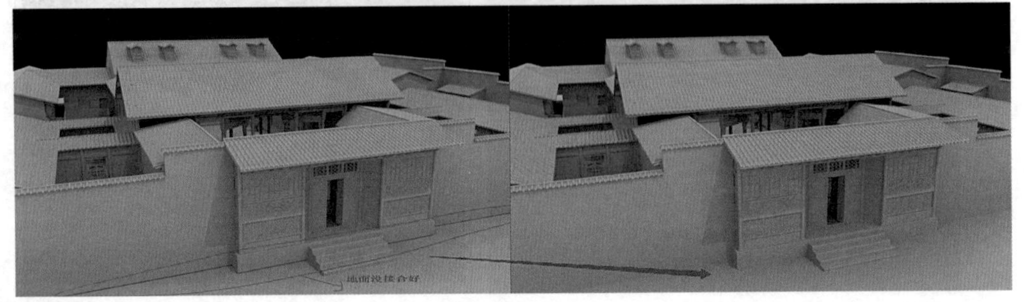
图 12–18

确定好场景后，对场景进行镜头测试。首先要大概了解镜头语言，懂得运用摄像机去拍摄我们所要表达的内容。然后，找相关的材料进行借鉴。最后，对镜头进行组接。在镜头组接好后，根据需要对镜头进行修改，直到修改满意为止。

这时要对每个镜头的场景道具进行摆放，摆放道具也是一大难题。场景是一座老宅，所以要把道具很自然地融入整个场景中而不显突兀确实有点困难，并且还很费时间。通常在遇到此类情况时，解决方法都是在网上收集相关资料。

这里以镜头图 12-19 为例。图 12-19 是一个介绍房顶的镜头，对于古宅来说，房顶的瓦都含有土的成分，那么一旦有植物的种子落在上面，再加上适当的雨水，就会生长杂草，并且周围如果有树，上面也应该有树的落叶。（图 12-20）

图 12-19

图 12-20

图 12-20 这几张参考图中的屋顶上均有草和树叶。

图 12-21 是添加小草和树叶的房顶，感觉增添了几分自然。至少比起刚开始没添加任何东西的房顶来说，没有死板的感觉了。

图 12-21

第三节 UV 与贴图的制作

整个场景是属于写实类的，在模型的纹理上要求很高。因此在处理模型 UV 时就要非常仔细，避免拉、伸等。也可以借助分 UV 软件，如 Unfold3D 或 UVLayout，这些软件在很大程度上能快速地分出 UV，比 Maya 内部分 UV 的方法更快捷。

图 12-22 为带纹理的房顶。

图 12-22

第四节 调整灯光参数

一、灯光

这里用的渲染器是 Arnold, 它是基于物理算法的电影级别的渲染引擎。因为之前对场景进行过照明测试，所以这次在灯光的处理上不用花过多时间，基本上就用一盏 directionalLight 主光就可以照亮场景。整个场景的色彩是基于上午现实光线的，所以在主光色温选择上，值大概是 4800 K，亮度扩散值为 5（参数值的大小根据场景而定）。（图 12-23）

对于有些没有被主光照亮的地方（图 12-24），可以创建一盏 Arnold 的 aiSkyDomeLight

图 12-23

图 12-24

天空光。（图 12–25）

暗的地方照亮了以后，最后给天空光添加一张白天的模糊的 HDR 图来进行环境照明。（图 12–26）

有 HDR 图的房顶，明显比没带 HDR 图的图片自然了许多。（图 12–27）

aiSkyDomeLight 亮度扩散值设为 3（参数值的大小根据场景而定）。

图 12–25

图 12–26

图 12–27

二、景深渲染

灯光调整好后，对场景进行景深设置。景深有助于突出画面主体，使画面更有空间感。

图 12-28 为加了景深的渲染。

勾选在摄像机的 Arnold 选项下的景深设置。（图 12-29）

在进行景深的渲染测试时，要创建一个 distanceDimension 为测量工具，来测量摄像机到物体的距离，从而得出距离值。

distanceDimension 的创建如图 12-30、图

图 12-28

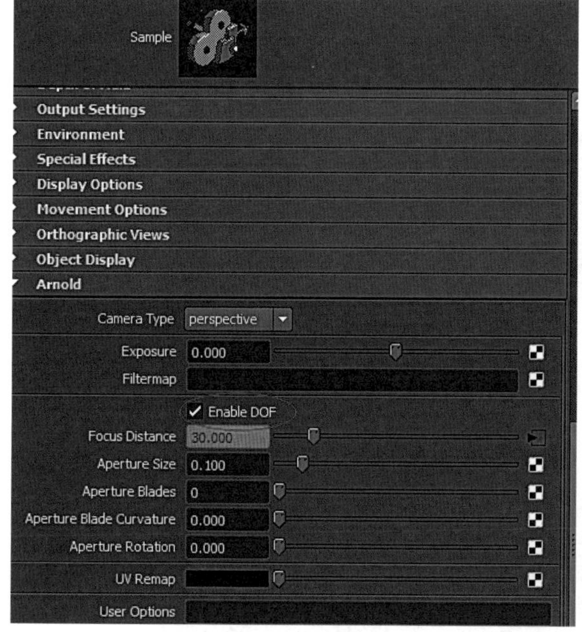

图 12-29

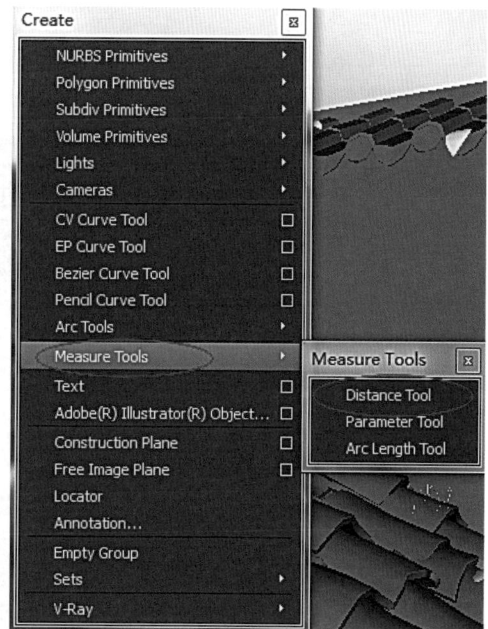

图 12-30

12-31 所示。

带有动画的场景，对两者进行K帧细调就可以了。

三、渲染

最终渲染时，场景没有较多的东西，再加上场景本身设置了景深的效果，所以在分层渲染时就渲染了 beauty 层和 AO 层。最后不要忘了对采样值进行设置。采样值越高，渲染的时间越长。（图 12-31、图 12-32）

Arnold
Camera Type perspective
Exposure 0.000
Filtermap
Enable DOF
Focus Distance 30.000 输入测量值
Aperture Size 0.100 输入模糊值的大小
Aperture Blades 0
Aperture Blade Curvature 0.000
Aperture Rotation 0.000
UV Remap
User Options

图 12-31

Sampling
AA Samples : 49
GI Samples (with Max Depth) : 196 (196)
Glossy Samples (with Max Depth) : 49 (49)
Refraction Samples (with Max Depth) : 49 (98)
Total Samples without lights (with Max Depth) : 343 (392)
Lock Sampling Pattern
AA Samples 7
Diffuse Samples 2
Glossy Samples 1
Refraction Samples 1

图 12-32

第五节 后期简单合成及校色

后期合成及校色在 AE 里面进行，稍微增加点饱和度，添加一张天空的图片，作为背景。

图 12-33 为没叠加 AO 的图层。

图 12-34 为叠加了 AO 的图层，感觉要厚重点。

图 12-35 是添加了天空的图片。

图 12-33

图 12-34

图 12-35

第十三章
卡通角色渲染

本章导读

通过本章的学习，读者将学会制作写实卡通角色，掌握复杂材质的使用方法。

精彩看点

Arnold 的 AOV（分通道）渲染。

第一节 卡通角色素材的收集

在做模型或者动画之前，要找一些你需要的参考图以及动画资料。图 13-1 是本次建模的参考图。

图 13-1

第二节 模型与材质

首先建一个工程目录（以方便整理贴图，以及以后好寻找），先将它的基本比例模型建好，再慢慢地修改、增加细节。当然它的身体部分看不见也可以不建，如果想要做得精细的话就可以将身体的其他部分也做出来（注意：如果你的人物模型是有 pose 的而你又不想绑骨骼的话，就先调整好你的模型的 pose 再进行下一步，如图 13-2）。

把主要的模型基本上完成后，开始建次模（也就是小配件）。（图 13-3）

UV 和材质绘制：在分 UV 的时候我们通常是先要在脑海中想一下怎样分才合理，以及它接缝的位置。比如说，我把人物的头从后面剪开，使它的接缝在后面，可避免它的穿帮。

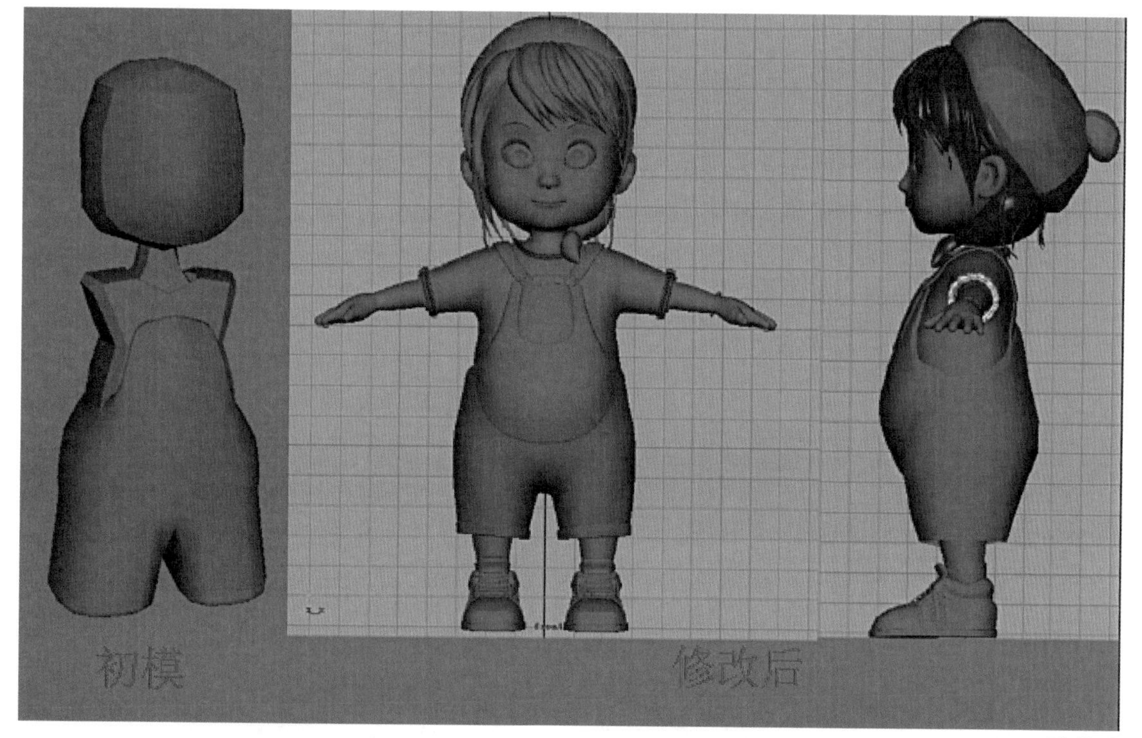

图 13-2

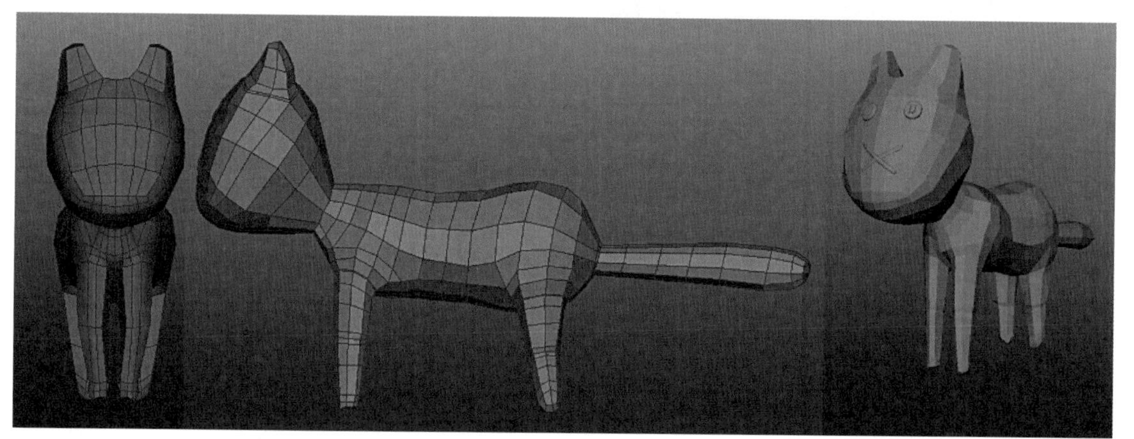

图 13-3

当然我建议大家在分 UV 的时候尽量用棋盘格来测试一下是否有拉伸。在这个面板里，我把人物的头和它的肢体部分放在一起，而它的比例该如何分配就看你自己的需求了。当然 UV 的大小可以设置得大一点，比如说 512×512、1024×1024 或者是其他数值（根据自己的需要）。（图 13-4）

这只猫的精度要求不是很高，所以它的 UV 展在了一起。（图 13-5）

现在来讲一下材质的绘制。在制作贴图之前，大家先确定自己想要的风格，然后在 PS 或者其他的软件中制作，当然你也可以根据参考

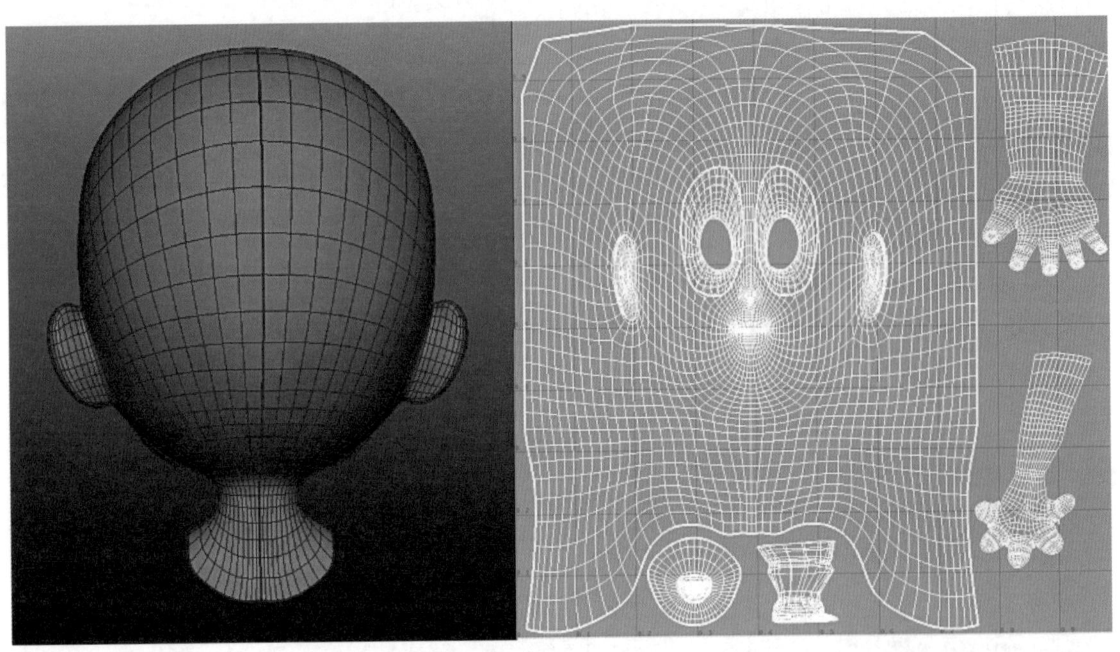

图 13-4

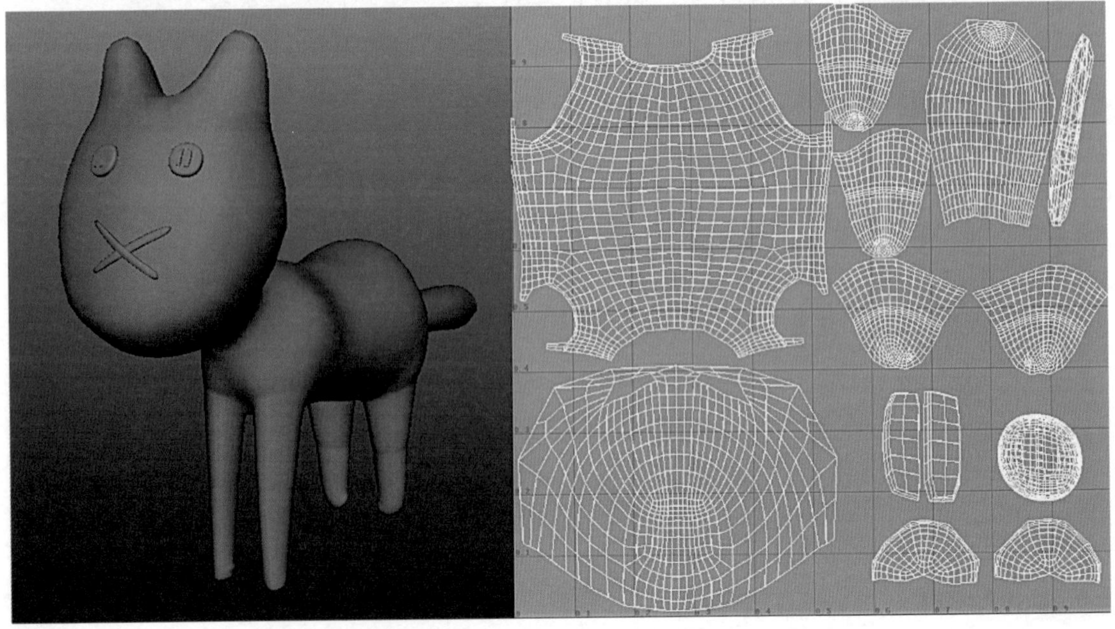

图 13-5

图来选择你需要的材料。但是在绘制好了贴图以后要贴在模型上进行对比，看看是否有拉伸，或者接缝处是否穿帮等。其他的物体就不一一列出来了。（图 13-6）

当然大家不必和原图做得一样。（图 13-7）

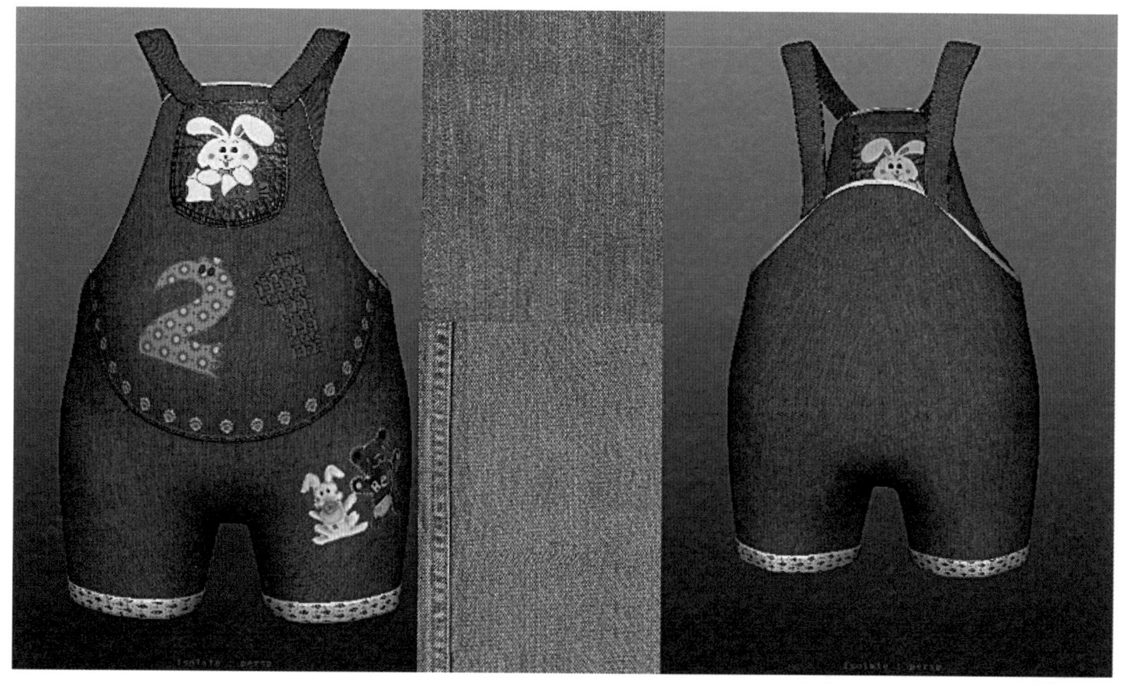

图 13-6

图 13-7

第三节 灯光及构图

现在来确定构图，先以原图类似的方式来构图。第一步先创建一个摄像机，再找一个跟原图差不多的角度确定下来。（图 13–8）

在创建好摄像机以后，就将其锁定，以免在后面的操作中不小心移动到它。从视图面板上 Panels 点击左键进入 Perspective，再左键单击 Camera1，这样就进入了相机视图，然后选中相机的位置参数，单击右键选择 Lock Selected（锁定）就可以了。（图 13–9）

第二步给模型确定一个 pose，然后给它打光，但是现在的构图太空了，因此要找参考。这是一个小孩的场景当然就少不了玩具，以一个三角形的构图方式摆放这些玩具，场景中的东西就比较丰富了（图 13–10），当然大家也可以用其他的方式来构图，这里就不多讲了（但是大家注意，不要忽略了它的背景搭配，如到

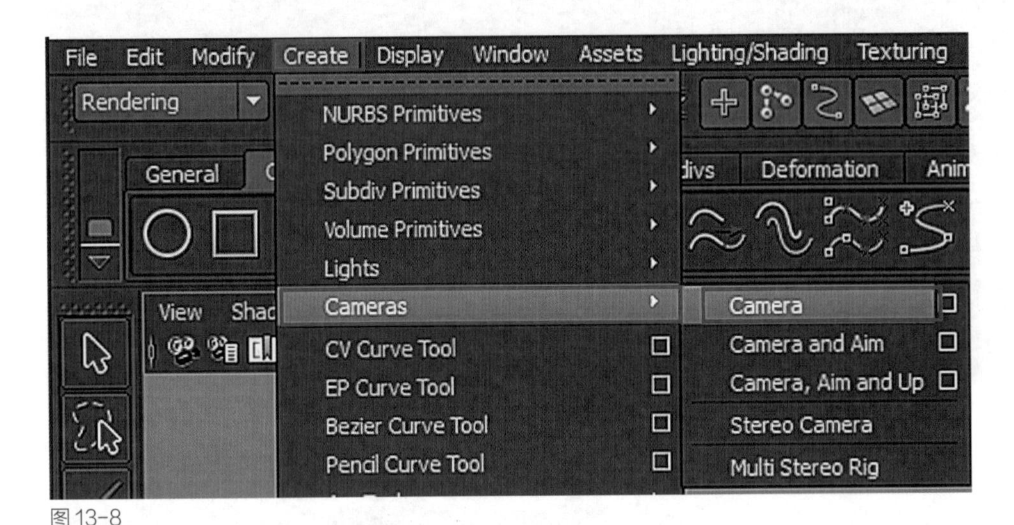

图 13–8

图 13–9

后面再来想就有点头疼了，如图 13–10）

现在可以看见画面整体偏蓝色调，太暗沉了，将颜色稍亮的小红车放在前面，可使画面的颜色平衡一下，现在的小车看上去是有点抢眼，但是在后期我们可以将红色的小车处理得模糊一点。

第三步是灯光的设定。在打光的时候要先想好灯光来源的方向，在脑海里面想象一下你想要的效果（图 13–11）。将场景的主光源定位好了，才好进行下一步辅光及背景光的设定。但是要把握住它的明暗对比。掌握不好的时候还是去看一下参考图吧（对大家的建议就是多看，多积累）！

以图 13–11 来确定主光的方向，这里用的是 Arnold 渲染器。首先用一盏面积光来确定主光源。找到灯光属性面板中的 Arnold，勾选

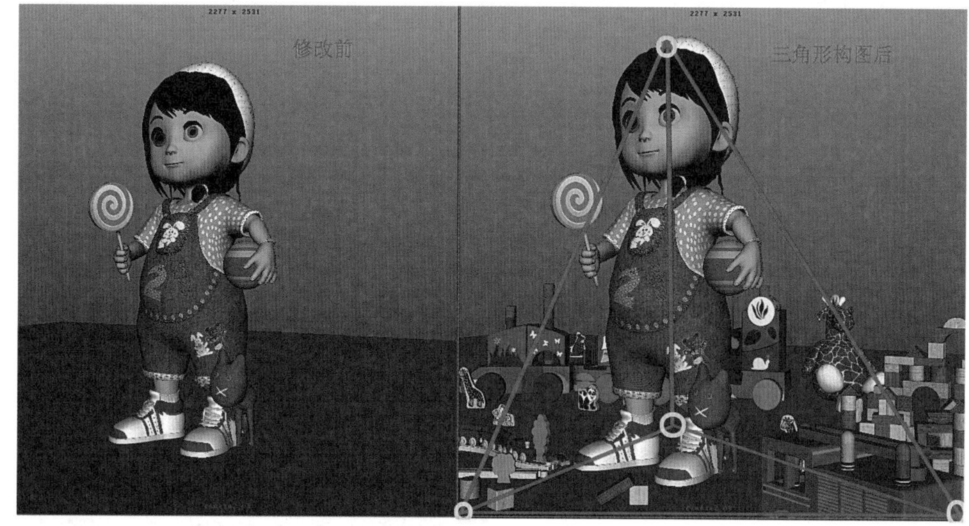

图 13–10

图 13–11

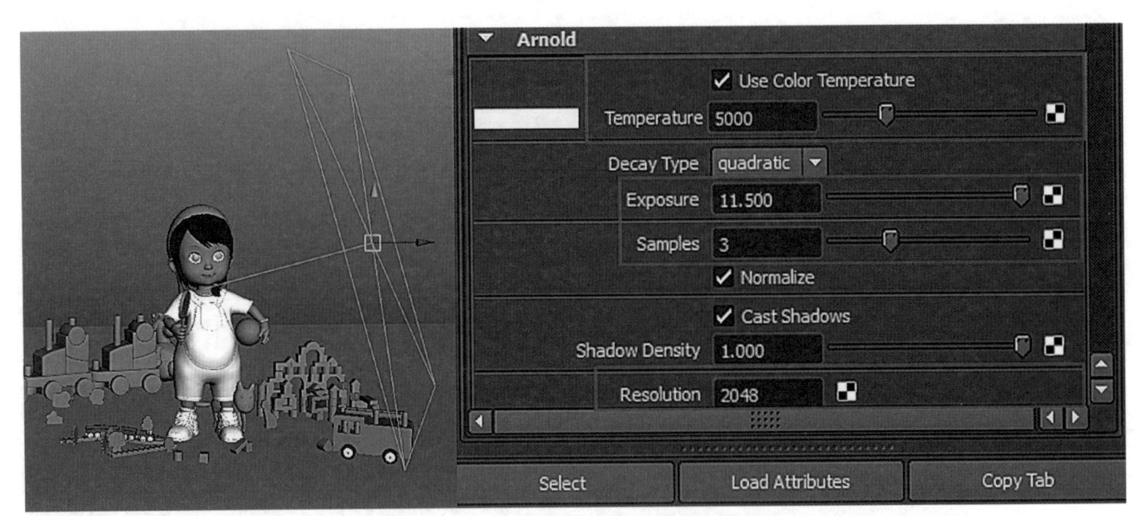

图 13-12

色温选项，将色温设置为一个偏暖色的值。灯光的 Exposure（曝光）值调为 11.5，Samples（采样）值调到 3，Resolution（阴影）值调到 2048。（图 13-12）

这里补充一下色温的调节，将值调得越小就越偏向暖色调，而值越大则越偏冷。这里为什么要讲色温呢？我们这里为什么没有直接调节灯光下面的 Color，而是调节 Arnold 里面的 Temperature 值呢？因为 Arnold 里面的色温更接近于真实天空光的计算。光源色温不同，光色也不同，色温在 3300 K 以下有稳重的气氛，给人温暖的感觉；色温在 3000K ~ 5000 K 为中间色温，给人爽快的感觉；色温在 5000 K 以上有冷的感觉。（图 13-13）

图 13-13

修改灯光的强弱值，来调整你想要的效果，后面的灯光采样值是为了减少画面中的噪点，当然现在你也可以不用改，因为那样会增加渲染时间。

现在来看看主光的效果，如图 13-14。但现在的皮肤看起来没有质感。我们将皮肤的材质球的属性面板打开，将它的材质 Type 改为 Ai Skin

图 13-14

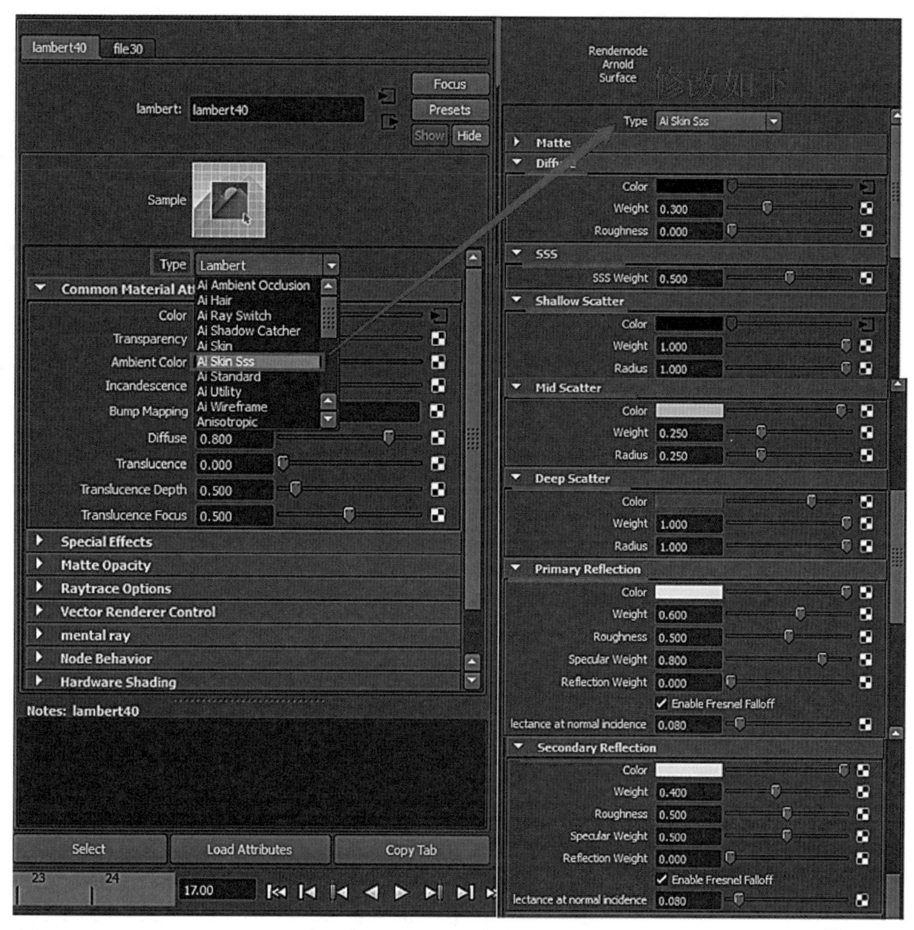

图 13-15

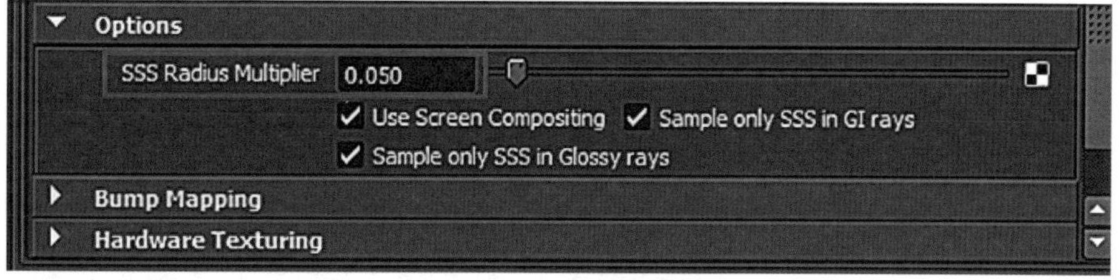

图 13-16

Sss。大家都知道皮肤是由表皮、真皮、皮下组织三层组成。而 Arnold 的 Shallow Scatter、Mid Scatter、Deep Scatter 实际上是同样的东西，可以理解为 Ai Skin Sss 材质球包含三层次表面散射，可以用来模拟人的皮肤，在这里给 Diffuse，Shallow Scatter 赋予同样的颜色贴图。（图 13-15）

SSS Radius Multiplier 是对模型表面点云进行球形着色，而 Radius 则是模型表面点云中每个点上的球形着色半径，也就是说，半径足够大或者点云足够密的情况下，3s 效果看起来是均匀的，但如果半径过小或者点云稀疏就会导致颗粒感，一般默认的值为 10，这里我将 SSS Radius Multiplier 值设为 0.050。（图 13-16）

看看 Lambert 材质与 Ai Skin Sss 材质的皮肤区别，现在可以看见图 13-17 右边的 Ai Skin

图13-17

Sss的皮肤要有光泽一些，不像左边有枯燥的感觉。

如果说Ai Skin Sss shader是Arnold中专门用来做高可控性3S材质的话，那AiStandard也可以做带点3S的材质球。不过AiStandard中有关3S的参数很少，基本上就是Ai Skin Sss中三层3S的简化版。这三层3S在AiStardard材质球中也只有半径这个参数可以单调，其他的例如Weight和Color参数，都是共用的，因此这个材质球不如Ai Skin Sss调得那么细，但是调一般的带3S属性的简单物体足够了。（图13-18）

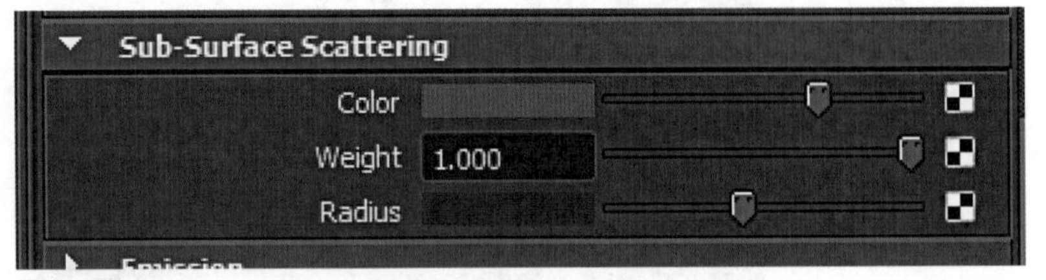

图13-18

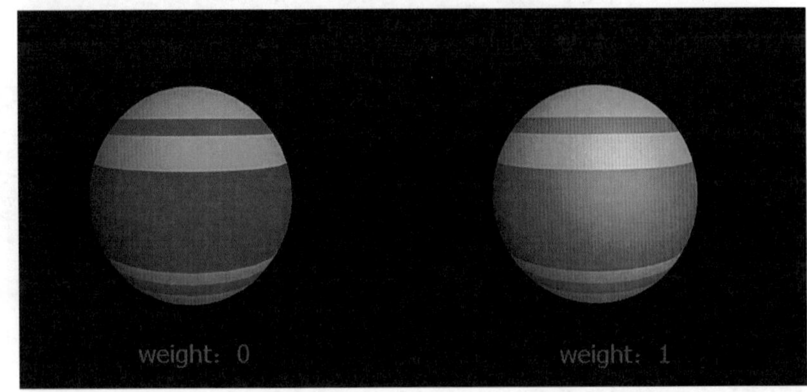

图13-19

图13-19同样是AiStandard材质，左边是没有使用Sub-Surface Scattering参数的，右边是使用之后的情况。

其他的材质如衣服这些就不多说了，这里调节得都比较简单，都只是一张Diffuse贴图。如果你要刻画得更加精细，可以使用Bump或者Displacement置换贴图来刻画细节。

从前面的渲染图来看，现在只有主光，很多地方还非常暗，那么再给场景打一盏辅助光来提亮场景的暗部。将 Exposure 值设为 8，不能让辅助光的曝光值强于主光，不然就会分不清光源的方向。这里要将辅助光的阴影关闭，避免它产生我们不需要的阴影效果。（图 13-20）

图 13-21 为效果图。

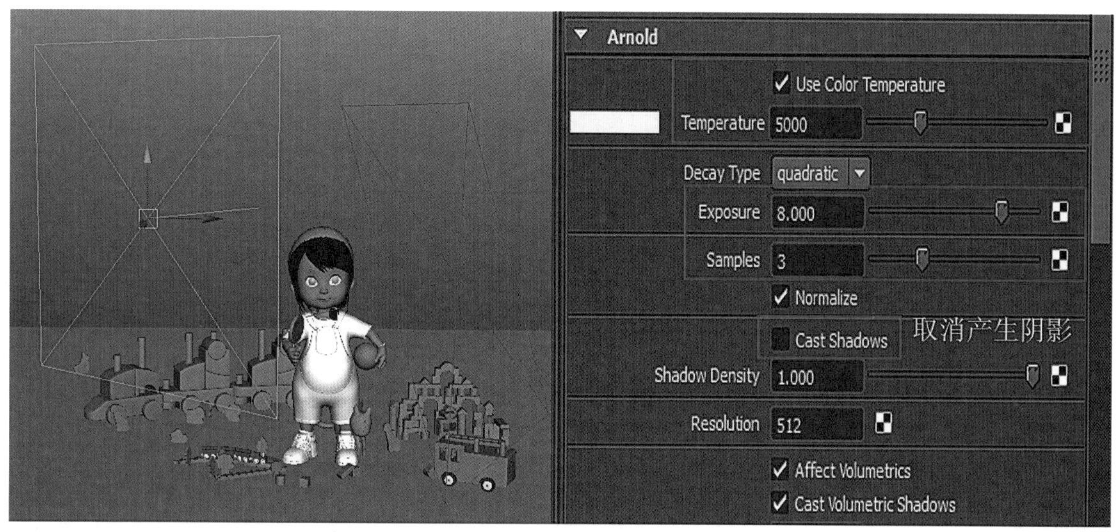

图 13-20

图 13-21

图 13-22 的效果已经比前面的亮了，但是没有与后面的背景区分开来。我们从后面给它添加一个边缘光，这里选择的是蓝色的边缘光，为什么呢？现在的主光和辅助光都是偏柔和的，为了使画面中有一个明暗对比，所以给它添加了蓝色偏紫的边缘光。打一盏面积光，将 Exposure 值设为 10.5，Samples 值设为 3，关闭阴影。（图 13-22）

看图 13-23，没有加边缘光和加了边缘光的效果，加了边缘光的图更加有层次一些。

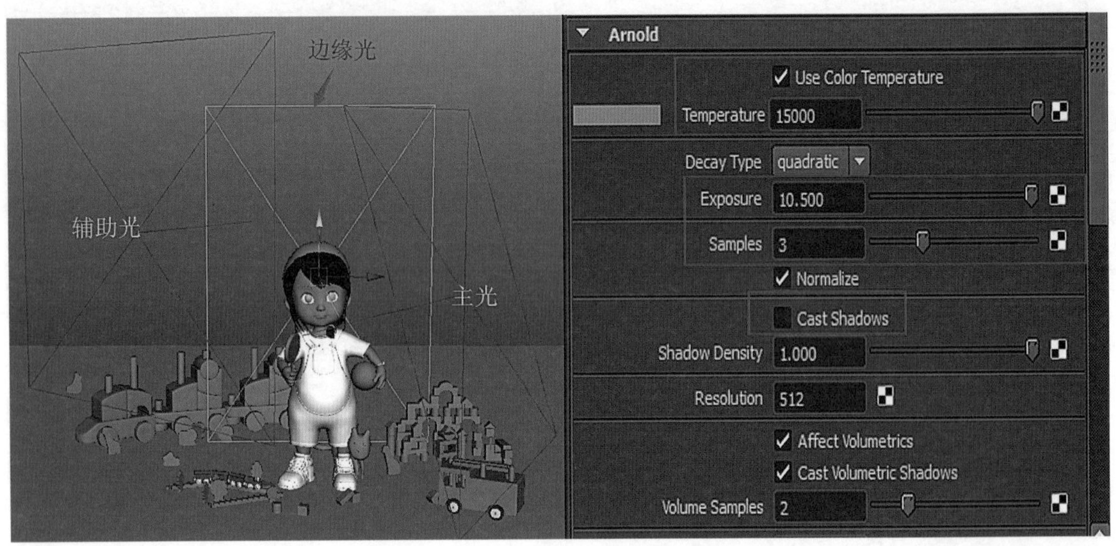

图 13-22

图 13-23

图 13-24

图 13-24 为效果图。

图 13-24 还是没有达到我想要的效果，有点偏暗，我又加了 Arnold 里面的一个环境球（SkyDome Light），我给了它一张白天的 HDR 贴图。（图 13-25）

图 13-25

在 SkyDomeLight 灯光上面加载一张 HDR 贴图后就不需要再开启它的色温了，SkyDomeLight 会根据这张 HDR 贴图的光线来计算它的色温值。这里不需要太亮，将灯光的 Intensity 值及 Exposure 值设为 0.3。而它的 Resolution 是根据 HDR 的分辨率的值来调整的。（图 13-26）

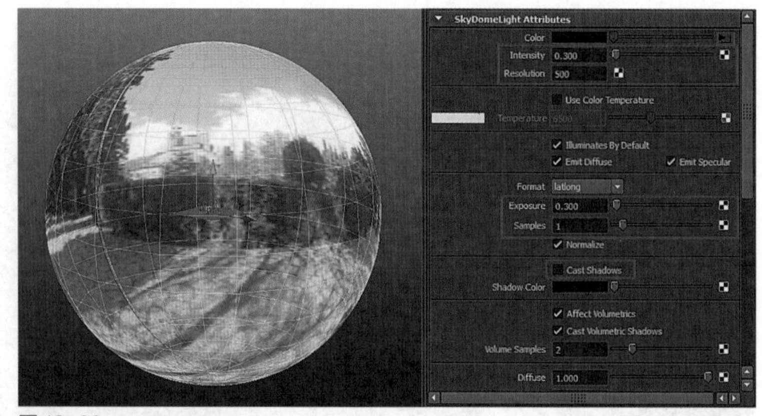

图 13-26

图 13-27 为效果图。

现在的效果已经可以了，自己在测试灯光的时候可以多尝试几种灯光，选择一种你比较满意的效果，再在后期软件里进行调整。

图 13-27

第四节 渲染及后期调色

在渲染的时候尽量将它的 AO 层、Z 通道和 Beauty 层都渲染出来，以便于后期调整。

一、AO 层的设置

首先打开渲染设置面板（Render Settings）找到AOVs选项，点击Add Custom(自定义添加)，创建一个 AO 层。（图 13-28）

当你创建好了 AO 层以后在原来的 Beauty 层下就会新增一个 AO 层，但是现在 AO 层的设定还没有完，左键点击如图 13-29 所示的倒三角符号，选择第一个 Select AOV Node 进入它的属性面板。

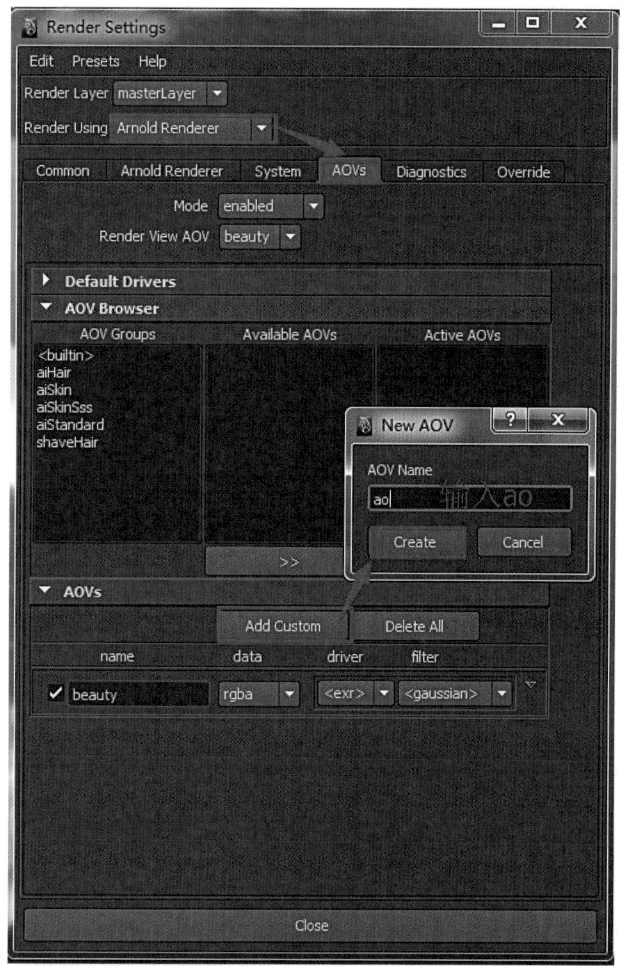

图 13-28

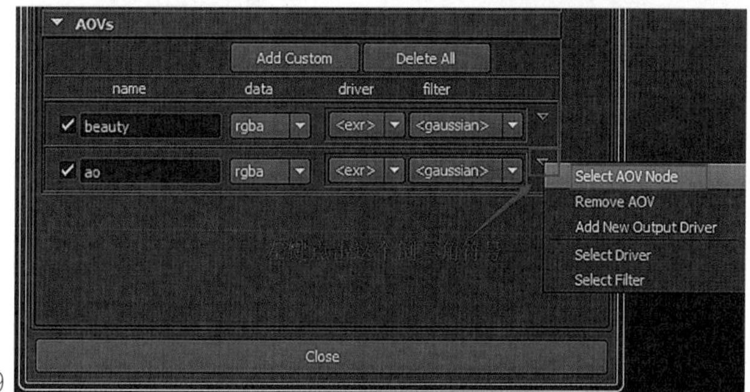

图 13-29

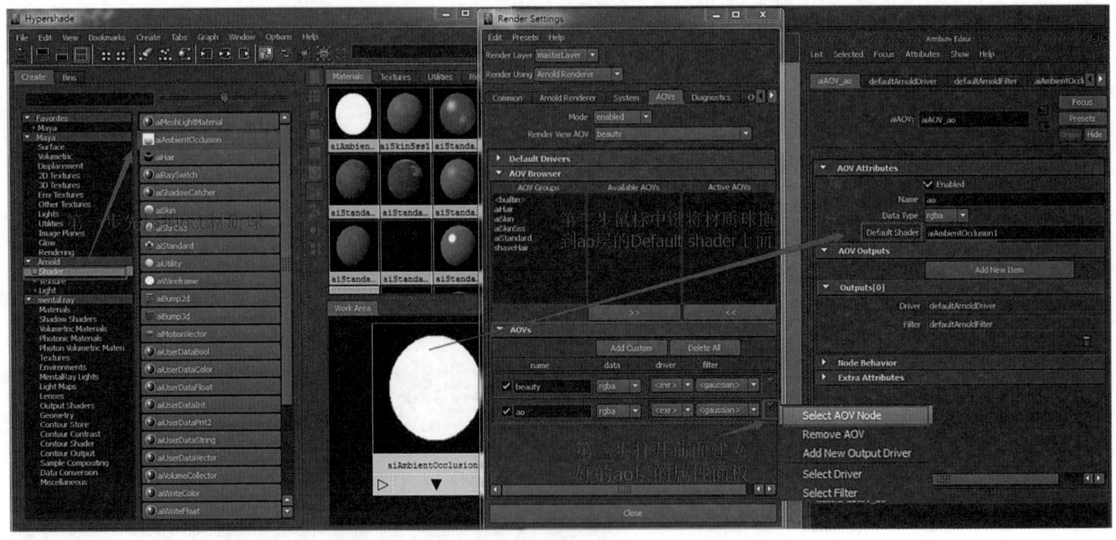

图 13-30

在材质球内选择 Arnold 材质球中的 aiAmbientOcclusion，点击材质球鼠标中键拖到 AOV Attributes 的 Default shader 上面就可以了，但是这里注意一下，不要把材质球放到 Default shader 的框里，这样有可能添加不上，所以直接将材质球拖到 Default shader 的字上面就可以了。（图 13-30）

二、Z 通道的设置

相对而言 Z 通道的设置就比较简单，先进入渲染设置面板 Render Settings 下选项 AOVs，在 AOV Browser 菜单中选择 <builtin> 并选中 Z 通道。添加进去后，不用改其他的。（图 13-31）

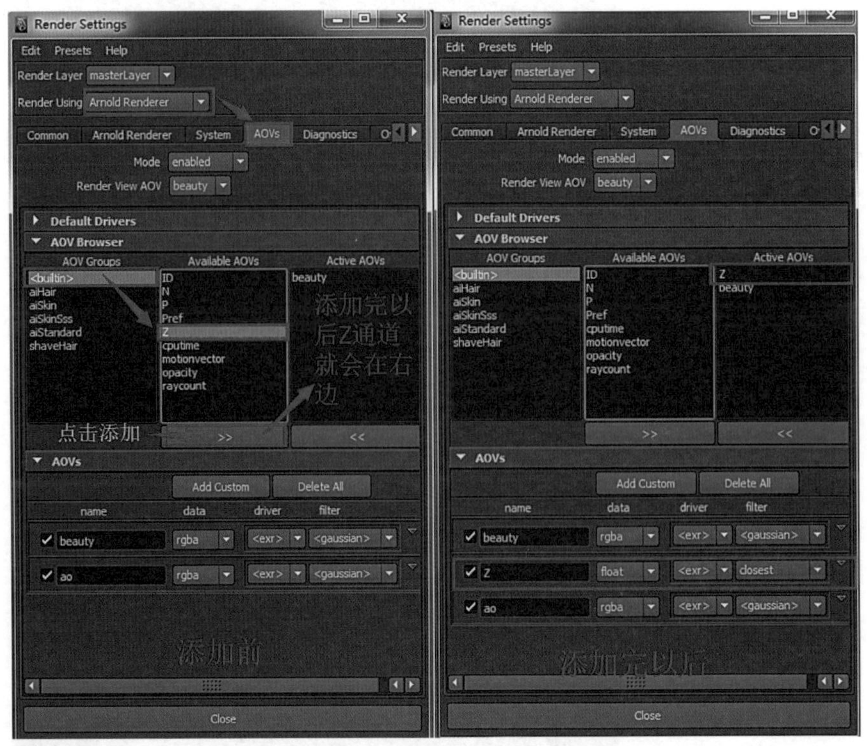

图 13-31

当所有的参数都设置好后，就可以渲染了。

在后期的制作时，我们将渲染好的Beauty、AO以及Z通道叠加进去，将AO的正片叠底透明度改为30%，这是为了增加它的明暗对比度、厚重感。

在调整Z通道时，先给它加一个提取器，将它的Alpha通道改为A，调节它的黑白场（黑场为实、白场为虚、灰色为过渡段），你看见它的通道就可以给它调节景深效果了。在调节好黑白场的过渡以后，再新建一个调节层放在Z通道的下一层，给调节层添加摄像机镜头模糊效果，将调节层的轨道蒙版改为亮度蒙版。这时就会看见景深的效果了，再给场景中加一张背景图。（图13-32）

图13-32

在后期加背景的时候会发现背景效果不是很好，以至于它的背景修改了很多次，经过多次的修改，最后将它的背景换成了房间。由于我们对于后期不擅长，以至于调得不好的时候，要多看看别人的摄影作品或者是一些调色的教程，这对大家是非常有用的。效果如图 13-33 所示。

图 13-33